“十四五”时期国家重点出版物出版专项规划项目
航天先进技术研究与应用系列

矩阵分析及其在数据挖掘中的应用

赵 毅 罗子君 编著

哈爾濱工業大學出版社

内 容 简 介

本书主要介绍矩阵分析的分析工具和理论知识，关注其在工程领域的具体应用。全书共6章，主要内容包括特征值和特征向量、矩阵的分解、Hermite 矩阵和线性回归、奇异值分解和主成分分析、主成分分析的应用、矩阵分析在复杂网络和时间序列分析中的应用。

本书可作为工程、统计、经济学等专业的研究生和工科专业高年级本科生教材，也可作为数学工作者和科技人员的参考书。

图书在版编目（CIP）数据

矩阵分析及其在数据挖掘中的应用 / 赵毅，罗子君编著. — 哈尔滨：哈尔滨工业大学出版社，2024.10
（航天先进技术研究与应用系列）
ISBN 978-7-5603-5844-4

Ⅰ. ①矩… Ⅱ. ①赵… ②罗… Ⅲ. ①矩阵分析－应用－数据采集－研究 Ⅳ. ①TP274

中国版本图书馆 CIP 数据核字（2015）第 320315 号

策划编辑　王桂芝
责任编辑　庞亭亭
出版发行　哈尔滨工业大学出版社
社　　址　哈尔滨市南岗区复华四道街 10 号　邮编 150006
传　　真　0451-86414749
网　　址　http://hitpress.hit.edu.cn
印　　刷　哈尔滨博奇印刷有限公司
开　　本　720 mm×1 000 mm　1/16　印张 11　字数 175 千字
版　　次　2024 年 10 月第 1 版　2024 年 10 月第 1 次印刷
书　　号　ISBN 978-7-5603-5844-4
定　　价　48.00 元

前　　言

矩阵是数学领域中重要的数学工具之一，它几乎涉及所有的工程领域（如控制论、计算机科学工程学、电子学、土木工程、机械工程及材料科学等），矩阵的理论和方法逐渐成为解决工程领域问题的决定性因素。发展高效的计算方法需要有效地处理矩阵运算以提高运算效率；对工程问题，挖掘其原理或分析其稳定性同样需要应用矩阵分析给出理论结果。矩阵分析研究是富于创造性的研究领域，其发展受到交叉学科领域的广泛影响和触动。本书作者在大学里担任“矩阵分析”课程的授课教师，对矩阵分析有深入的理解。结合多年的教学经验和感悟，作者认真梳理、挑选矩阵分析与工程领域密切结合的典型方法、知识模块，以及与之关联的基础知识汇集成本书。因为对矩阵分析相关课程来说，它涉及一些基础线性代数课程没有讲授的概念和理论，所以需要在内容编排和取舍上下一番功夫。同时，本书一大特色是书中贯穿较为丰富的案例，以配合知识点的讲解。例如，主成分分析是处理一般高维矩阵都可能用到的矩阵分析方法，为此，本书专门设置一个章节介绍主成分分析的理论及其在实际中的若干应用，以期达到更好表达知识点、启发读者思考的目的。

本书介绍了矩阵分析及计算的基本概念、理论和方法，以方便读者掌握矩阵的理论分析及应用的方法，书中内容理论性强，涵盖知识面广，能够启发读者灵活地应用书中的知识和方法处理相关问题。尽管本书的案例仅涵盖矩阵分析中一小部分内容，但希望它能对读者的思路和未来研究有所启发，使矩阵论成为读者今后进行科学研究的强有力工具。这也是本书作者的写作初衷和心愿所在！

限于作者水平，书中难免存在疏漏及不足之处，敬请读者指正。

作　者

2024年4月

目　　录

第 1 章　特征值和特征向量

矩阵是数学中一个重要的基本概念，是代数学的主要研究对象，也是数学研究和应用的一个重要工具。矩阵的特征值与特征向量是矩阵理论的重要组成部分，它在高等代数和其他科技领域中占有重要的位置。矩阵的特征值与特征向量的理论研究及其应用探究，不但对理解高等代数及相关课程有很大帮助，而且在理论上也很重要，可以直接用来解决实际问题。可以毫不夸张地讲，大部分科学与工程问题都要归结为矩阵计算问题，矩阵计算就是科学与工程计算的核心。在大量的实际问题中，经常会碰到求矩阵特征值和特征向量的问题，这类问题统称为特征值问题。例如，1979 年章奎生教授以特征值理论为基础，给出了特征值法，并针对楼宇设备工程中源导纳远大于地板导纳的场合，给出了简便的近似预测公式。2010 年张福伟利用变分方法与临界点理论，特别是临界群与 Morse 理论，结合矩阵中的特征值与特征向量理论及空间维数，同时考虑正、负能量泛函的临界点，研究了一维非线性离散椭圆共振问题的多重性，在一定假设条件下，得到了此类问题至少存在两个非零解的两类新的充分条件，并给出了具体应用实例。

1.1　特征值和特征向量的基本概念

矩阵的特征值在很多领域都有着广泛的应用，考虑一个二次型优化问题：

$$\text{Maximize } \boldsymbol{x}^{\mathrm{T}}\boldsymbol{A}\boldsymbol{x}$$

满足 $\boldsymbol{x} \in \mathbf{R}^n$， $\boldsymbol{x}^{\mathrm{T}}\boldsymbol{x} = 1$，其中 $\boldsymbol{A}^{\mathrm{T}} = \boldsymbol{A} \in \mathbf{R}^n$ 是一个对称矩阵。

首先构造拉格朗日函数

$$L = \boldsymbol{x}^{\mathrm{T}}\boldsymbol{A}\boldsymbol{x} - \lambda\boldsymbol{x}^{\mathrm{T}}\boldsymbol{x}$$

很明显，最大化 L 等价于最大化原目标函数。若对 L 求关于 $\boldsymbol{x}$ 的梯度：

$$\nabla L = 2(\boldsymbol{A}\boldsymbol{x} - \lambda\boldsymbol{x}) = \boldsymbol{0}$$

则 $\boldsymbol{x}^{\mathrm{T}}\boldsymbol{A}\boldsymbol{x}$ 的极值应在 $\boldsymbol{A}\boldsymbol{x} = \lambda\boldsymbol{x}$ 处达到。此时的极值为

$$\boldsymbol{x}^{\mathrm{T}}\boldsymbol{A}\boldsymbol{x} = \boldsymbol{x}^{\mathrm{T}}\lambda\boldsymbol{x} = \lambda\boldsymbol{x}^{\mathrm{T}}\boldsymbol{x} = \lambda$$

因此问题转化为，如何求解 $\boldsymbol{x}$ 和对应的 λ。

由此，在这里引入特征值和特征向量的定义。

【定义 1.1】 如果 $\boldsymbol{A} \in M_n(\mathbf{C})$， $\boldsymbol{x} \neq 0 \in \mathbf{C}^n$， $\lambda \in \mathbf{C}$，且以下等式成立：

$$\boldsymbol{A}\boldsymbol{x} = \lambda\boldsymbol{x}$$

则称 λ 是 $\boldsymbol{A}$ 的特征值，而 $\boldsymbol{x}$ 是对应于 λ 的特征向量。

【定义 1.2】 矩阵 $\boldsymbol{A} \in M_n(\mathbf{C})$ 的所有特征值的集合称为谱，用如下符号表示：

$$\sigma(\boldsymbol{A}) = \{\lambda \mid \boldsymbol{A}\boldsymbol{x} = \lambda\boldsymbol{x}, \boldsymbol{x} \neq \boldsymbol{0} \in \mathbf{C}^n\}$$

【定义 1.3】 矩阵 $\boldsymbol{A} \in M_n(\mathbf{C})$ 的谱半径是特征值的模的最大值，即

$$\rho(\boldsymbol{A}) = \max\{|\lambda| : \lambda \in \sigma(\boldsymbol{A})\}$$

在求解矩阵的特征值时，会发现有些特征值很难直接根据定义求出。比如矩阵和线性变换的特征值，通常不是利用定义来求。针对这种情况引入多项式对特征值进行求解。下面是特征多项式的概念和性质。

【定义 1.4】 矩阵 $\boldsymbol{A} \in M_n(\mathbf{C})$ 的特征多项式定义如下：

$$p_A(t) = \det(t\boldsymbol{I} - \boldsymbol{A})$$

根据特征值的定义，如果 $\lambda \in \sigma(\boldsymbol{A})$，则 $(\lambda\boldsymbol{I} - \boldsymbol{A})\boldsymbol{x} = \boldsymbol{0}$，$\boldsymbol{x}$ 是对应于 λ 的特征向量。因此 $(\lambda\boldsymbol{I} - \boldsymbol{A})$ 不是满秩的。从而可以得到

$$p_A(t) = \det(\lambda\boldsymbol{I} - \boldsymbol{A}) = 0$$

所以 $p_A(t)$ 的零点是 $\boldsymbol{A}$ 的特征值。那么特征多项式也可以表达为

$$p_A(t)=\det(t\boldsymbol{I}-\boldsymbol{A})=\prod_{i=1}^{n}(t-\lambda_i)\text{，}\quad \lambda_i\in\sigma(\boldsymbol{A})$$

【定义 1.5】 如果 $\lambda\in\sigma(\boldsymbol{A})$，则特征多项式 $p_A(t)$ 的零点出现的次数，即 $(t-\lambda)$ 出现的次数，称为代数重数。

【定理 1.6】（特征多项式的系数）假设 $p_A(t)=\lambda^n+c_{n-1}\lambda^{n-1}+\cdots+c_1\lambda+c_0$ 是矩阵 $\boldsymbol{A}\in M_n(\mathbf{C})$ 的特征多项式，则

$$\mathrm{tr}(\boldsymbol{A})=\sum_{i=1}^{n}\lambda_i=-c_{n-1}$$

$$\det(\boldsymbol{A})=\prod_{i=1}^{n}\lambda_i$$

$$c_k=(-1)^k\sum_{m=1}^{C(n,k)}A_{k\times k}^{m}$$

其中，$\boldsymbol{A}_{k\times k}^{m}$ 是矩阵 $\boldsymbol{A}$ 的某个 $k\times k$ 主子式；$C(n,k)$是组合数。

证明：设矩阵 $\boldsymbol{A}=(a_{ij})$，$\lambda_1,\lambda_2,\cdots,\lambda_n$ 是它的全部 n 个特征根，其特征多项式为

$$p_A(t)=\det(t\boldsymbol{I}-\boldsymbol{A})=\boldsymbol{A}^n-(a_{11}+a_{22}+\cdots+a_{nn})\boldsymbol{A}^{n-1}+\cdots+(-1)^n\det(\boldsymbol{A})\boldsymbol{I}$$

由于已知 $p_A(t)=\lambda^n+c_{n-1}\lambda^{n-1}+\cdots+c_1\lambda+c_0$，及 $\boldsymbol{Ax}=\lambda\boldsymbol{x}$，因此

$$\mathrm{tr}(\boldsymbol{A})=\sum_{i=1}^{n}\lambda_i=-c_{n-1}$$

$$\det(\boldsymbol{A})=\prod_{i=1}^{n}\lambda_i$$

$$c_k=(-1)^k\sum_{m=1}^{C(n,k)}\boldsymbol{A}_{k\times k}^{m}$$

【例 1.1】计算矩阵 $A=\begin{pmatrix}3&2&4\\2&0&2\\4&2&3\end{pmatrix}$ 的全部特征值和特征向量。

解：第一步，计算 A 的特征多项式，有

$$p_A(\lambda)=|\lambda I-A|=\begin{vmatrix}\lambda-3&-2&-4\\-2&\lambda&-2\\-4&-2&\lambda-3\end{vmatrix}=(\lambda-8)^2(\lambda+1)^2$$

第二步，求出特征多项式 $p_A(\lambda)$ 的全部根，即 A 的全部特征值。

令 $p_A(\lambda)=0$，解之得 $\lambda_1=8,\lambda_2=\lambda_3=-1$，为 A 的全部特征值。

第三步，求出 A 的全部特征向量。

对 $\lambda_1=8$，求出相应线性方程组 $(\lambda_1 I-A)x=0$ 的一个基础解系。

$$\begin{cases}5x_1-2x_2-4x_3=0\\-2x_1+8x_2-4x_3=0\\-4x_1-2x_2+5x_3=0\end{cases}$$

化简求得此方程组的一个基础解系为

$$\alpha_1=\begin{pmatrix}2\\1\\2\end{pmatrix}$$

属于 $\lambda_1=8$ 的全部特征向量为 $k_1\alpha_1$（$k\neq0$ 为实数）。

同理对 $\lambda_2=\lambda_3=-1$，求出相应线性方程组 $(\lambda_2 I-A)x=0$ 的一个基础解系为

$$\alpha_2=\begin{pmatrix}1\\0\\-1\end{pmatrix},\quad \alpha_3=\begin{pmatrix}1\\-2\\0\end{pmatrix}$$

于是 A 的属于 $\lambda_2=\lambda_3=-1$ 的全部特征向量为 $k_2\alpha_2+k_3\alpha_3$，其中 k_2,k_3 是不全为零的实数。

综上，A 的全部特征向量为 $k_1\alpha_1$，$k_2\alpha_2+k_3\alpha_3$，这里 $k_1\neq0$ 为实数，k_2,k_3 是不全为零的实数。

1.2　相似性和可对角化

对一个线性变换 $T:V \to V$，在选定的某一组基 $\boldsymbol{S}_0$ 下，假设其矩阵表达形式是 $\boldsymbol{A}$。而选定另一组基 $\boldsymbol{S}_1$，假设其矩阵表达形式是 $\boldsymbol{B}$。根据基变换，存在一个从基 $\boldsymbol{S}_0$ 到基 $\boldsymbol{S}_1$ 的单位变换的矩阵表达形式 $\boldsymbol{P}$，使得 $\boldsymbol{B}=\boldsymbol{P}^{-1}\boldsymbol{A}\boldsymbol{P}$，称 $\boldsymbol{A}$ 和 $\boldsymbol{B}$ 彼此相似，也称 $\boldsymbol{P}^{-1}\boldsymbol{A}\boldsymbol{P}$ 是 $\boldsymbol{A}$ 的相似变换，记为 $\boldsymbol{A}\sim\boldsymbol{B}$。

从数学意义上来看，相似关系可以看作是一种等价关系，而对角化则相当于在相似意义下给出一类矩阵的简单等价形式。而且，相似的矩阵拥有很多相同的性质，如相同的特征多项式、特征根、行列式等。在矩阵分析中，很多情况下人们可能只关心这些性质，那么相似矩阵就可以当作分析对象。这时研究一般的可对角化矩阵，只需研究它的标准形式，而对角矩阵是它的最简单的表现，研究起来非常方便。

另外，对角化突出了矩阵的特征值，而过渡矩阵反映了特征向量的信息，对角化过程的直观意义还是很明显的。再结合正交矩阵的概念，可以得到一些结论。

【定理 1.7】 令 $\boldsymbol{A}$，$\boldsymbol{B}\in M_n(\mathbf{C})$，如果 $\boldsymbol{A}\sim\boldsymbol{B}$，则 $p_{\boldsymbol{B}}(t)=p_{\boldsymbol{A}}(t)$。

证明：假设 $\boldsymbol{B}=\boldsymbol{P}^{-1}\boldsymbol{A}\boldsymbol{P}$，则

$$
\begin{aligned}
p_{\boldsymbol{B}}(t)&=\det(t\boldsymbol{I}-\boldsymbol{B})\\
&=\det(t\boldsymbol{P}^{-1}\boldsymbol{I}\boldsymbol{P}-\boldsymbol{P}^{-1}\boldsymbol{A}\boldsymbol{P})\\
&=\det(\boldsymbol{P}^{-1})\det(t\boldsymbol{I}-\boldsymbol{A})\det(\boldsymbol{P})\\
&=\det(t\boldsymbol{I}-\boldsymbol{A})=p_{\boldsymbol{A}}(t)
\end{aligned}
$$

因此可以推出，如果 $\boldsymbol{A}\sim\boldsymbol{B}$，则 $\boldsymbol{A}$ 和 $\boldsymbol{B}$ 有相同的特征值。可以验证 $\boldsymbol{A}$ 和 $\boldsymbol{B}$ 的秩也相等。

【定义 1.8】 如果矩阵 $\boldsymbol{A}\in M_n(\mathbf{C})$ 与一个对角矩阵相似，则 $\boldsymbol{A}$ 称为可对角化矩阵。

【定理 1.9】 矩阵 $\boldsymbol{A}\in M_n(\mathbf{C})$ 可对角化的充分必要条件是 $\boldsymbol{A}$ 有 n 个线性无关的特征向量。

证明：假设 $\boldsymbol{A}$ 有 n 个线性无关的特征向量 $\boldsymbol{x}_1,\cdots,\boldsymbol{x}_n$，分别对应于特征值 $\lambda_1,\cdots,\lambda_n$。令矩阵 $\boldsymbol{P}=(\boldsymbol{x}_1,\cdots,\boldsymbol{x}_n)$，即第 i 个列向量为 $\boldsymbol{x}_i$。则有

$$
\begin{aligned}
\boldsymbol{AP} &= \boldsymbol{A}(\boldsymbol{x}_1,\boldsymbol{x}_2,\cdots,\boldsymbol{x}_n) \\
&= (\boldsymbol{Ax}_1,\boldsymbol{Ax}_2,\cdots,\boldsymbol{Ax}_n) \\
&= (\lambda_1\boldsymbol{x}_1,\lambda_2\boldsymbol{x}_2,\cdots,\lambda_n\boldsymbol{x}_n) \\
&= (\boldsymbol{x}_1,\boldsymbol{x}_2,\cdots,\boldsymbol{x}_n)\begin{pmatrix} \lambda_1 & & & \\ & \lambda_2 & & \\ & & \ddots & \\ & & & \lambda_n \end{pmatrix} \\
&= \boldsymbol{P\Lambda}
\end{aligned}
$$

其中，$\boldsymbol{\Lambda}=\mathrm{diag}(\lambda_1,\cdots,\lambda_n)$ 是对角线元素为 $\boldsymbol{A}$ 的特征值的对角矩阵。因此 $\boldsymbol{A}=\boldsymbol{P\Lambda P}^{-1}$。

反过来，由于 $\boldsymbol{A}$ 与一个对角矩阵相似，可以写成 $\boldsymbol{A}=\boldsymbol{P\Lambda P}^{-1}$，且 $\boldsymbol{\Lambda}$ 与 $\boldsymbol{A}$ 的特征值相同，而对角矩阵的特征值即是对角线上的元素，所以 $\boldsymbol{\Lambda}$ 对角线的元素是 $\boldsymbol{A}$ 的特征值 $\lambda_1,\cdots,\lambda_n$。

于是 $\boldsymbol{AP}=\boldsymbol{P\Lambda}$。令 $\boldsymbol{P}$ 的第 i 列为 $\boldsymbol{x}_i$，显然有 $\boldsymbol{Ax}_i=\lambda_i\boldsymbol{x}_i$，因此 $\boldsymbol{x}_i$ 正好是 $\boldsymbol{A}$ 关于 λ_i 的特征向量。由于 $\boldsymbol{P}$ 可逆，因此 $\boldsymbol{x}_1,\cdots,\boldsymbol{x}_n$ 彼此线性无关。

以上定理的证明过程推出了如下结论：

【推论 1.10】矩阵 $\boldsymbol{A},\boldsymbol{\Lambda}\in M_n(\mathbf{C})$，且 $\boldsymbol{\Lambda}$ 是对角矩阵，如果 $\boldsymbol{A}\sim\boldsymbol{\Lambda}$，则 $\boldsymbol{A}$ 的特征值即是 $\boldsymbol{\Lambda}$ 对角线的元素。

【定理 1.11】如果 $\boldsymbol{A}\in M_n(\mathbf{C})$ 有 n 个互不相等的特征值，则 $\boldsymbol{A}$ 有 n 个线性无关的特征向量，于是 $\boldsymbol{A}$ 可对角化。

证明：用反证法。如果 $\boldsymbol{A}$ 的特征向量 $\boldsymbol{x}_1,\cdots,\boldsymbol{x}_n$ 线性相关，假设 $\lambda_1>\lambda_i$，$i>1$，且不妨假设存在 $c_2,\cdots,c_n\in\mathbf{C}^n$，使得

$$\boldsymbol{x}_1=c_2\boldsymbol{x}_2+\cdots+c_n\boldsymbol{x}_n$$

于是有

$$\boldsymbol{Ax}_1=\lambda_1\boldsymbol{x}_1=\lambda_1(c_2\boldsymbol{x}_2+\cdots+c_n\boldsymbol{x}_n) \tag{1.1}$$

而

$$\boldsymbol{Ax}_1=\boldsymbol{A}(c_2\boldsymbol{x}_2+\cdots+c_n\boldsymbol{x}_n)=\lambda_2c_2\boldsymbol{x}_2+\cdots+\lambda_nc_n\boldsymbol{x}_n \tag{1.2}$$

显然式（1.1）的右边大于式（1.2）的右边，矛盾，所以 $\boldsymbol{A}$ 可对角化。

注意以上定理反过来不成立。

【**定义 1.12**】矩阵 $\boldsymbol{A},\boldsymbol{B}\in M_n(\mathbf{C})$，假设存在 $\boldsymbol{P}\in M_n(\mathbf{C})$ 可逆，使得 $\boldsymbol{P}^{-1}\boldsymbol{AP}$ 和 $\boldsymbol{P}^{-1}\boldsymbol{BP}$ 都是对角矩阵，则称 $\boldsymbol{A}$ 和 $\boldsymbol{B}$ 同时可对角化。

【**定理 1.13**】若矩阵 $\boldsymbol{A},\boldsymbol{B}\in M_n(\mathbf{C})$ 都可对角化，那么 $\boldsymbol{A}$ 和 $\boldsymbol{B}$ 相乘可交换的充分必要条件是 $\boldsymbol{A}$ 和 $\boldsymbol{B}$ 同时可对角化。

证明：假定 $\boldsymbol{A}$ 和 $\boldsymbol{B}$ 可交换，在 $\boldsymbol{A}$ 和 $\boldsymbol{B}$ 上同时以一个相似变换使 $\boldsymbol{A}$ 、$\boldsymbol{B}$ 对角化。不失一般性，可以假定 $\boldsymbol{A}$ 是对角矩阵。仍不失一般性，再假定 $\boldsymbol{A}$ 的任一多重特征值相邻地出现在主对角线上。因为 $\boldsymbol{AB}=\boldsymbol{BA}$（即上述公共的相似变换不会改变这一关系），所以有 $\lambda_i b_{ij}=b_{ij}\lambda_j$，其中 $\boldsymbol{B}=[b_{ij}]$，而 $\lambda_1,\cdots,\lambda_n$ 是 $\boldsymbol{A}$ 的各特征值。因为 $(\lambda_i-\lambda_j)b_{ij}=0$，由此可知，只要 $\lambda_i\neq\lambda_j$，就有 $b_{ij}=0$，因此，按上面已经给定的 λ_i 项的顺序，$\boldsymbol{B}$ 是分块矩阵，有

$$\boldsymbol{B}=\begin{bmatrix}\boldsymbol{B}_1 & & \\ & \ddots & \\ & & \boldsymbol{B}_k\end{bmatrix}$$

其中，对于 $\boldsymbol{A}$ 的每个不同的特征值，都有一个子块 $\boldsymbol{B}_i$，$\boldsymbol{B}_i$ 是一个方阵，其阶数是与它相应的 $\boldsymbol{A}$ 的特征值的重数，因为 $\boldsymbol{B}$ 可对角化。

设 $\boldsymbol{T}_i$ 是使 $\boldsymbol{T}_i^{-1}\boldsymbol{B}_i\boldsymbol{T}_i$ 为对角矩阵的非奇异矩阵。因为 $\boldsymbol{A}$ 有分块形式

$$\boldsymbol{A}=\begin{bmatrix}\lambda_1\boldsymbol{I} & & \\ & \ddots & \\ & & \lambda_k\boldsymbol{I}\end{bmatrix}$$

其中，每个纯量矩阵（若对角矩阵 $\boldsymbol{A}$ 中主对角线上的元素全为 k，则 $\boldsymbol{A}=k\boldsymbol{I}$，$\boldsymbol{I}$ 为单位矩阵，则称 $\boldsymbol{A}$ 为纯量矩阵）$\lambda_i\boldsymbol{I}$ 与 $\boldsymbol{B}_i$ 同阶，看到 $\boldsymbol{T}^{-1}\boldsymbol{AT}$ 与 $\boldsymbol{T}^{-1}\boldsymbol{BT}$ 都是对角矩阵，其中 $\boldsymbol{T}$ 是直和

$$T=\begin{bmatrix} T_1 & & \\ & \ddots & \\ & & T_k \end{bmatrix}$$

注意$T_i^{-1}\lambda_i I T_i=\lambda_i I$。

这里简要给出其逆命题的证明。首先写出$A=SDS^{-1}$和$B=SES^{-1}$，其中D和E都是对角矩阵，然后利用对角矩阵可交换的事实计算AB和BA。

【定理 1.14】令$A\in M_{m,n}(\mathbf{C})$，$B\in M_{m,n}(\mathbf{C})$，$m\leqslant n$，则$p_{BA}(t)=t^{n-m}p_{AB}(t)$。

证明：通过构造分块矩阵来证明。

$$\begin{pmatrix} AB & O \\ B & O \end{pmatrix}\begin{pmatrix} I & A \\ O & I \end{pmatrix}=\begin{pmatrix} AB & ABA \\ B & BA \end{pmatrix}=\begin{pmatrix} I & A \\ O & I \end{pmatrix}\begin{pmatrix} O & O \\ B & BA \end{pmatrix}$$

由于$\begin{pmatrix} I & A \\ O & I \end{pmatrix}$可逆，所以$\begin{pmatrix} AB & O \\ B & O \end{pmatrix}\sim\begin{pmatrix} O & O \\ B & BA \end{pmatrix}$。因此计算两个矩阵的特征多项式得到$t^n p_{AB}(t)=t^m p_{BA}(t)$，即$p_{BA}(t)=t^{n-m}p_{AB}(t)$。

【定义 1.15】令$A\in M_n(\mathbf{C})$，$\lambda\in\sigma(A)$，则集合$\mathrm{Null}(A-\lambda I)=\{x\in\mathbf{C}^n \mid Ax=\lambda x\}$称为$A$对应于$\lambda$的特征空间。

【定义 1.16】令$A\in M_n(\mathbf{C})$，$\lambda\in\sigma(A)$，则$\mathrm{geom}(\lambda)=\dim[\mathrm{Null}(A-\lambda I)]$称为$\lambda$的几何重数。

说明：零点λ在特征多项式出现的次数称为代数重数，用$\mathrm{algm}(\lambda)$来表示。可以用式子$\dim[\mathrm{Null}(A-\lambda I)]=n-\mathrm{rank}(A-\lambda I)$来求几何重数。

【定理 1.17】令$A\in M_n(\mathbf{C})$，$\lambda\in\sigma(A)$，则有$\mathrm{geom}(\lambda)\leqslant\mathrm{algm}(\lambda)$。

证明：令$x_1,\cdots,x_m$是λ的特征空间的一组基，可以将这组基扩展到整个空间，即

$$\mathbf{C}^n: x_1,\cdots,x_m,x_{m+1},\cdots,x_n$$

令$P=(x_1,\cdots,x_m,x_{m+1},\cdots,x_n)$，则有

$$\begin{aligned}\boldsymbol{AP} &= (\lambda(\boldsymbol{x}_1,\cdots,\boldsymbol{x}_m),\boldsymbol{A}(\boldsymbol{x}_{m+1},\cdots,\boldsymbol{x}_n)) \\ &= \boldsymbol{P}\begin{pmatrix}\mathrm{diag}(\lambda,\cdots,\lambda) & \boldsymbol{O} \\ \boldsymbol{O} & \boldsymbol{B}\end{pmatrix}\end{aligned}$$

其中，矩阵 $\mathrm{diag}(\lambda,\cdots,\lambda)$ 是 m 阶的。由于相似矩阵的特征值相同，因此右边矩阵关于 λ 的代数重数等于 $\boldsymbol{A}$ 关于 λ 的代数重数。所以 $\mathrm{geom}(\lambda)=m\leqslant\mathrm{algm}(\lambda)$。

【定理 1.18】 $\boldsymbol{A}\in M_n(\mathbf{C})$ 可对角化当且仅当对 $\boldsymbol{A}$ 的所有特征值 λ_i，其几何重数等于代数重数。

证明：设 λ_i 的代数重数为 p_i，几何重数为 $q_i(i=1,2,\cdots,m)$。若 $p_i=q_i(i=1,2,\cdots,m)$，则有

$$q_1+q_2+\cdots+q_m=n$$

即 $\boldsymbol{A}$ 有 n 个线性无关的特征向量。证毕。

【例 1.2】 判断下列矩阵能否对角化。

（1）$\boldsymbol{A}=\begin{pmatrix}2 & -1 & 2 \\ 5 & -3 & 3 \\ -1 & 0 & -2\end{pmatrix}$；（2）$\boldsymbol{A}=\begin{pmatrix}1 & -1 & 1 \\ 2 & 4 & -2 \\ -3 & -3 & 5\end{pmatrix}$。

解：（1）由

$$|\lambda\boldsymbol{I}-\boldsymbol{A}|=\begin{vmatrix}\lambda-2 & 1 & -2 \\ -5 & \lambda+3 & -3 \\ 1 & 0 & \lambda+2\end{vmatrix}=(\lambda+1)^3$$

得 -1 是 $\boldsymbol{A}$ 的三重特征值。因为

$$\mathrm{rank}(-\boldsymbol{I}-\boldsymbol{A})=\mathrm{rank}\begin{pmatrix}-3 & 1 & -2 \\ -5 & 2 & -3 \\ 1 & 0 & 1\end{pmatrix}=2$$

所以

$$3-\mathrm{rank}(-\boldsymbol{I}-\boldsymbol{A})=1<3$$

由定理 1.18 可知 $\boldsymbol{A}$ 不能相似于对角矩阵。

（2）由

$$|\lambda \boldsymbol{I}-\boldsymbol{A}|=\begin{vmatrix} \lambda-1 & 1 & -1 \\ -2 & \lambda-4 & 2 \\ 3 & 3 & \lambda-5 \end{vmatrix}=(\lambda-2)^2(\lambda-6)$$

解得 $\boldsymbol{A}$ 的特征值 $\lambda_1=\lambda_2=2, \lambda_3=6$。

解齐次线性方程组

$$\begin{pmatrix} 1 & 1 & -1 \\ -2 & -2 & 2 \\ 3 & 3 & -3 \end{pmatrix}\boldsymbol{x}=\boldsymbol{0}$$

得 $\boldsymbol{A}$ 属于特征值 2 的线性无关的特征向量为

$$\boldsymbol{\eta}_1=(1,-1,0)^{\mathrm{T}}, \quad \boldsymbol{\eta}_2=(1,0,1)^{\mathrm{T}}$$

解齐次线性方程组

$$\begin{pmatrix} 5 & 1 & -1 \\ -2 & 2 & 2 \\ 3 & 3 & 1 \end{pmatrix}\boldsymbol{x}=\boldsymbol{0}$$

得 $\boldsymbol{A}$ 属于特征值 6 的线性无关的特征向量为

$$\boldsymbol{\eta}_3=(1,-2,3)^{\mathrm{T}}$$

综上可知，矩阵 $\boldsymbol{A}$ 的所有特征值的几何重数等于代数重数，因而 $\boldsymbol{A}$ 相似于对角矩阵。

1.3 向量范数和矩阵范数

考虑 $\mathbf{C}^n$ 中的若干个向量或者 M_n 中的若干个矩阵，说有些向量或矩阵“小”，而说另一些向量或矩阵“大”，这是什么意思呢？在什么情况下可以说两个向量“很接近”或者“离得很远”？

在二维及三维实向量空间中，“大小”问题与“接近”问题通常涉及 Euclidean 距离。向量 $\boldsymbol{z}\in\mathbf{R}^n$ 的 Euclidean 长度为

$$(\boldsymbol{z}^{\mathrm{T}}\boldsymbol{z})^{1/2}=(\sum z_i^2)^{1/2}$$

按该度量标准，如果这个非负实数较小，就说 $\boldsymbol{z}$ 是“小向量”。此外，说向量 $\boldsymbol{x}$ 和 $\boldsymbol{y}$ 离得“很近”，是指差 $\boldsymbol{z}=\boldsymbol{x}-\boldsymbol{y}$ 的 Euclidean 长度是一个很小的非负实数。

矩阵可以看成高维空间中的向量，那么矩阵的“大小”指的是什么？关于无限空间的向量的“大小”指的是什么？关于复向量呢？除了用 Euclidean 长度以外，还有没有度量实向量“大小”的其他有效方法？

要回答这些问题，一个办法是研究矩阵与向量的范数或大小的度量。范数可以看作 Euclidean 长度的推广，为了恰当地表达像矩阵幂级数这样一些概念，范数是必不可少的，并且在分析和评价关于数值计算的各种算法中，它也是必需的。此外，已被采用的各种不同的范数大体上可适用于各种场合，所以，研究所有范数共有的一些性质，而不是把注意力集中到个别的范数上，这样做是可取的。

1.3.1　向量范数和内积

先回顾一下向量范数。

【定义 1.19】令 V 是一个向量空间，而 $\|\cdot\|:V\to\mathbf{R}^+$ 是一个满足以下三个性质的函数：

①$\|\boldsymbol{x}\|\geqslant 0$，对任意 $\boldsymbol{x}\in V$ 成立，而 $\|\boldsymbol{x}\|=0$ 当且仅当 $\boldsymbol{x}=\mathbf{0}$。

②$\|\alpha\boldsymbol{x}\|=|\alpha|\|\boldsymbol{x}\|$，$\alpha\in\mathbf{C}$，$\boldsymbol{x}\in V$。

③$\|\boldsymbol{x}+\boldsymbol{y}\|\leqslant\|\boldsymbol{x}\|+\|\boldsymbol{y}\|$，$\boldsymbol{x},\boldsymbol{y}\in V$。

则称 $\|\cdot\|$ 是一个（向量）范数。

其中第二条性质称为齐次性，第三条性质称为三角不等式。

在向量空间中，常用的范数有 l_1 范数、l_2 范数（即欧几里得范数）和 l_∞ 范数等。

例如，向量空间 $\mathbf{C}^n$ 上，有 $\boldsymbol{x}=(x_1,\cdots,x_n)^{\mathrm{T}}$，则

①l_1 范数定义为 $\|\boldsymbol{x}\|_1=\sum_{i=1}^{n}|x_i|$。

②l_2范数，即欧几里得范数定义为$\| \boldsymbol{x} \|_2 = \sqrt{x_1^2 + \cdots + x_n^2}$。

③l_∞范数，即最小上界定义为$\| \boldsymbol{x} \|_\infty = \max\limits_i | x_i |$。

实际上 l_2 范数是可以通过一个内积定义得到的。假设$\boldsymbol{x}, \boldsymbol{y} \in \mathbf{C}^n$，定义标准内积为$\langle \boldsymbol{x}, \boldsymbol{y} \rangle = \sum\limits_{i=1}^{n} x_i \overline{y}_i$，则很容易验证范数$\| \boldsymbol{x} \| = \sqrt{\langle \boldsymbol{x}, \boldsymbol{x} \rangle}$就是欧几里得范数。

复数向量空间的标准内积是内积的一个特例，定义一般的内积如下：

【定义 1.20】 令 V 是一个向量空间，则函数$\langle \cdot\ ,\ \cdot \rangle : V \times V \to \mathbf{C}$满足以下性质：

①$\langle a\boldsymbol{u}, \boldsymbol{v} \rangle = a\langle \boldsymbol{u}, \boldsymbol{v} \rangle$，$\boldsymbol{u}, \boldsymbol{v} \in V$，$a \in \mathbf{C}$；

②$\langle \boldsymbol{u}, \boldsymbol{v} \rangle = \overline{\langle \boldsymbol{v}, \boldsymbol{u} \rangle}$，$\boldsymbol{u}, \boldsymbol{v} \in V$；

③$\langle \boldsymbol{u} + \boldsymbol{v}, \boldsymbol{w} \rangle = \langle \boldsymbol{u}, \boldsymbol{w} \rangle + \langle \boldsymbol{v}, \boldsymbol{w} \rangle$，$\boldsymbol{u}, \boldsymbol{v}, \boldsymbol{w} \in V$；

④$\langle \boldsymbol{u}, \boldsymbol{u} \rangle \geqslant 0$，$\boldsymbol{u} \in V$，$\langle \boldsymbol{u}, \boldsymbol{u} \rangle = 0$ 当且仅当$\boldsymbol{u} = 0$。

【定理 1.21】（Cauchy-Schwarz 不等式）如果$\boldsymbol{u}, \boldsymbol{v} \in V$，则$| \langle \boldsymbol{u}, \boldsymbol{v} \rangle | \leqslant \| \boldsymbol{u} \| \| \boldsymbol{v} \|$。

证明：$\boldsymbol{u}, \boldsymbol{v} \in V$ 是给定的，如果$\boldsymbol{v} = \boldsymbol{0}$，则结论显然成立，所以可以假定$\boldsymbol{v} \neq \boldsymbol{0}$。

设$t \in \mathbf{R}$，考虑

$$\begin{aligned} p(t) &= \langle \boldsymbol{u} + t\boldsymbol{v}, \boldsymbol{u} + t\boldsymbol{v} \rangle \\ &= \langle \boldsymbol{u}, \boldsymbol{u} \rangle + t\langle \boldsymbol{v}, \boldsymbol{u} \rangle + t\langle \boldsymbol{u}, \boldsymbol{v} \rangle + t^2 \langle \boldsymbol{v}, \boldsymbol{v} \rangle \\ &= \langle \boldsymbol{u}, \boldsymbol{u} \rangle + 2t \operatorname{Re}\langle \boldsymbol{u}, \boldsymbol{v} \rangle + t^2 \langle \boldsymbol{v}, \boldsymbol{v} \rangle \end{aligned}$$

它是实系数二次多项式，对所有实数 t，$p(t) \geqslant 0$，因而$p(t)$不能有实的单根。因此，$p(t)$的判别式一定是非正的，即

$$(2\operatorname{Re}\langle \boldsymbol{u}, \boldsymbol{v} \rangle)^2 - 4\langle \boldsymbol{u}, \boldsymbol{u} \rangle \langle \boldsymbol{v}, \boldsymbol{v} \rangle \leqslant 0 \tag{1.3}$$

因而$(2\operatorname{Re}\langle \boldsymbol{u}, \boldsymbol{v} \rangle)^2 \leqslant \langle \boldsymbol{u}, \boldsymbol{u} \rangle \langle \boldsymbol{v}, \boldsymbol{v} \rangle$。因为这个不等式对任意一对向量都成立，所以用$\langle \boldsymbol{u}, \boldsymbol{v} \rangle \boldsymbol{v}$代替 $\boldsymbol{v}$ 时它也一定成立。于是有不等式

$$(\operatorname{Re}\langle \boldsymbol{u}, \langle \boldsymbol{u}, \boldsymbol{v} \rangle \boldsymbol{v} \rangle)^2 \leqslant \langle \boldsymbol{u}, \boldsymbol{u} \rangle \langle \boldsymbol{v}, \boldsymbol{v} \rangle \left| \langle \boldsymbol{u}, \boldsymbol{v} \rangle \right|^2$$

但是

$$(\operatorname{Re}\langle \boldsymbol{u}, \langle \boldsymbol{u}, \boldsymbol{v} \rangle \boldsymbol{v} \rangle)^2 = \operatorname{Re} \overline{\langle \boldsymbol{u}, \boldsymbol{v} \rangle} \langle \boldsymbol{u}, \boldsymbol{v} \rangle = \operatorname{Re} \left| \langle \boldsymbol{u}, \boldsymbol{v} \rangle \right|^2 = \left| \langle \boldsymbol{u}, \boldsymbol{v} \rangle \right|^2$$

因此

$$|\langle \boldsymbol{u},\boldsymbol{v}\rangle|^4 \leqslant \langle \boldsymbol{u},\boldsymbol{u}\rangle\langle \boldsymbol{v},\boldsymbol{v}\rangle|\langle \boldsymbol{u},\boldsymbol{v}\rangle|^2 \tag{1.4}$$

如果 $\boldsymbol{u}=\boldsymbol{v}$，则定理的结论是显然的；否则可以用数 $|\langle \boldsymbol{u},\boldsymbol{v}\rangle|^2$ 除以式（1.4）两边得到所要证的不等式。

由于在定理 1.21 中，仅当 $\boldsymbol{u}+t\boldsymbol{v}=\boldsymbol{0}$ 对某个 t 成立时 $p(t)$ 才有一个实（二重）根，因此在判别条件式（1.3）中等式能够成立，当且仅当 $\boldsymbol{u}$ 和 $\boldsymbol{v}$ 线性相关。

如果定义函数 $\|\boldsymbol{x}\|=\sqrt{\langle \boldsymbol{x},\boldsymbol{x}\rangle}$，那么可以使用 Cauchy-Schwarz 不等式验证这个函数满足三角不等式的性质，从而推出这是一个范数。也就是说，范数可以通过内积来生成。

事实上，反过来也是成立的，即可以通过范数来生成内积，在这里不做详细讨论。与范数用来度量向量的长度或者向量之间的距离相比，内积更多的是度量向量之间的相关程度。

【定义 1.22】 $\langle\cdot\ ,\ \cdot\rangle$ 是在向量空间 V 上的一个内积，$\boldsymbol{x},\boldsymbol{y}\in V$，如果 $\langle \boldsymbol{x},\boldsymbol{y}\rangle=0$，那么称 $\boldsymbol{x}$ 和 $\boldsymbol{y}$ 彼此正交，记为 $\boldsymbol{x}\perp\boldsymbol{y}$。

正交性放在二维平面上，就是两个向量垂直。用内积来计算两个向量之间夹角的余弦值为

$$\cos\theta=\frac{\langle \boldsymbol{x},\boldsymbol{y}\rangle}{\|\boldsymbol{x}\|\|\boldsymbol{y}\|}$$

其中，$\|\boldsymbol{x}\|=\sqrt{\langle \boldsymbol{x},\boldsymbol{x}\rangle}$。如果该内积采用的是复向量空间的标准内积，以上表达式与统计上计算离散随机变量之间的线性相关性雷同，所以上面利用内积得到的余弦值也可以理解为两个样本之间的相关系数。

【定义 1.23】 如果向量 $\boldsymbol{x}_1,\boldsymbol{x}_2,\cdots,\boldsymbol{x}_n\in V$ 满足 $\langle \boldsymbol{x}_i,\boldsymbol{x}_j\rangle=0$，$j\neq i$ 且 $\langle \boldsymbol{x}_i,\boldsymbol{x}_i\rangle=1$，则称这 n 个向量集合是标准正交基。

【定理 1.24】 如果 $\boldsymbol{x}_1,\boldsymbol{x}_2,\cdots,\boldsymbol{x}_n\in V$ 是一组标准正交基，则它们之间线性无关。

证明：这是一个套路化证明。假设这 n 个向量线性相关，那么不妨假设（这个假设

不失一般性）$\boldsymbol{x}_1 = c_2\boldsymbol{x}_2 + c_3\boldsymbol{x}_3 + \cdots + c_n\boldsymbol{x}_n$，其中 $c_i \in \mathbf{C}$。则

$$1 = \langle \boldsymbol{x}_1, \boldsymbol{x}_1 \rangle = \langle c_2\boldsymbol{x}_2 + c_3\boldsymbol{x}_3 + \cdots + c_n\boldsymbol{x}_n, \boldsymbol{x}_1 \rangle = \sum_{i=2}^{n} c_i \langle \boldsymbol{x}_i, \boldsymbol{x}_1 \rangle = 0$$

矛盾。

内积有一个重要的应用是 Gram-Schmidt 过程。这是用来将一组线性无关的向量变换成标准正交基的算法。

Gram-Schmidt 过程：

令 $\boldsymbol{x}_1, \boldsymbol{x}_2, \cdots, \boldsymbol{x}_n$ 为一组线性无关的向量。

（1）令 $\boldsymbol{z}_1 = \dfrac{\boldsymbol{x}_1}{\|\boldsymbol{x}_1\|}$。这个步骤把第一个向量标准化为单位向量。

（2）对 $k = 2, \cdots, n$，令

$$\boldsymbol{y}_k = \boldsymbol{x}_k - \sum_{i=1}^{k-1} \langle \boldsymbol{x}_i, \boldsymbol{z}_i \rangle \boldsymbol{z}_i$$

很容易验证 $\langle \boldsymbol{y}_k, \boldsymbol{x}_i \rangle = 0$，$i < k$。

（3）令 $\boldsymbol{z}_k = \dfrac{\boldsymbol{y}_k}{\|\boldsymbol{y}_k\|}$。

通过 Gram-Schmidt 过程得到的 $\boldsymbol{z}_1, \boldsymbol{z}_2, \cdots, \boldsymbol{z}_n$ 是一组标准正交基。范数有两个重要的性质。其一，范数作为一个函数，是一个连续函数；其二，在有限维向量空间上定义的不同范数都是等价的。

【引理 1.25】 任何 $\mathbf{C}^n$ 上的范数都是连续函数。

证明：要证明 $\|\cdot\|$ 是连续的，即要证明对 $\boldsymbol{x}_n \to \boldsymbol{x}$，有 $\|\boldsymbol{x}_n\| \to \|\boldsymbol{x}\|$。而所谓的 $\boldsymbol{x}_n$ 收敛于 $\boldsymbol{x}$，其实是需要一个测度来度量收敛性，而范数本身是一个测度（请参考泛函分析），因此 $\boldsymbol{x}_n$ 收敛于 $\boldsymbol{x}$ 在这里的意思是 $\|\boldsymbol{x}_n - \boldsymbol{x}\| \to 0$。

由于

$$\|\boldsymbol{x}\| = \|\boldsymbol{x} - \boldsymbol{x}_n + \boldsymbol{x}_n\| \leqslant \|\boldsymbol{x} - \boldsymbol{x}_n\| + \|\boldsymbol{x}_n\| \to \|\boldsymbol{x}_n\|$$

同理

$$\|x_n\| \leqslant \|x_n - x\| + \|x\| \to \|x\|$$

因此

$$\|x_n\| \to \|x\|$$

【定义 1.26】 令$\|\cdot\|_a$，$\|\cdot\|_b$是$\mathbf{C}^n$上的两个向量范数。如果存在$c, C > 0$，使得这两个范数满足

$$c\|x\|_a \leqslant \|x\|_b \leqslant C\|x\|_a, \quad x \in \mathbf{C}^n$$

则称这两个范数等价。

说明：从这个定义可以看出，两个范数等价的意思就是两个范数对任意向量长度（或者距离）的衡量，总在一个固定范围内是相近的。

【定理 1.27】 $\mathbf{C}^n$上的所有范数都是等价的。

证明：在这个证明里，将选取l_∞范数作为一个标尺。如果能证明$\mathbf{C}^n$上的任意范数$\|\cdot\|$都跟l_∞范数$\|\cdot\|_\infty$等价，那么所有范数都等价。

令$K = \{x \mid \|x\|_\infty = 1\}$，这是一个紧集。令$m = \min\limits_{x \in K}\|x\|$，$M = \max\limits_{x \in K}\|x\|$，由于$K$是紧集，所以上面两个极值都存在，有$0 < m < M < \infty$，因此有

$$m\|x\|_\infty \leqslant \|x\| \leqslant M\|x\|_\infty$$

对任意$x_0 \in \mathbf{C}^n$，令$x = \dfrac{x_0}{\|x_0\|_\infty}$，则$x \in K$，因此代入上面的不等式有

$$m\left\|\frac{x_0}{\|x_0\|_\infty}\right\|_\infty \leqslant \left\|\frac{x_0}{\|x_0\|_\infty}\right\|_\infty \leqslant M\left\|\frac{x_0}{\|x_0\|_\infty}\right\|_\infty$$

$$m\|x_0\|_\infty \leqslant \|x_0\|_\infty \leqslant M\|x_0\|_\infty$$

注意这个定理在有限维空间成立，在无限维空间不成立。

1.3.2　矩阵范数和误差估计

矩阵范数是谱理论中的一个重要内容，它给很多计算提供了有用的工具。矩阵的范数与其谱半径有关，可用于解矩阵方程的误差估计。

由于一个 $n\times n$ 的矩阵可以看作是一个 n^2 维的向量，因此向量范数的各种概念和结论都可以应用到矩阵上。然而矩阵跟向量有一个差别在于，向量空间只有向量加法和标量乘法，矩阵空间除了这两种运算以外还有矩阵乘法。因此在定义矩阵范数时，考虑了矩阵乘法的因素。

【定义 1.28】 如果函数 $\|\cdot\|: M_n(\mathbf{C})\to\mathbf{R}^+$ 满足以下性质：

①$\|\boldsymbol{A}\|\geqslant 0$，且 $\|\boldsymbol{A}\|=0$ 当且仅当 $\boldsymbol{A}=\boldsymbol{O}$；

②$\|c\boldsymbol{A}\|=|c|\|\boldsymbol{A}\|$，$c\in\mathbf{C}$；

③$\|\boldsymbol{A}+\boldsymbol{B}\|\leqslant\|\boldsymbol{A}\|+\|\boldsymbol{B}\|$；

④$\|\boldsymbol{AB}\|\leqslant\|\boldsymbol{A}\|\|\boldsymbol{B}\|$。

可以看到，矩阵范数的定义比向量范数的定义多了一个限制条件，所以矩阵范数也是向量范数，因此向量范数的连续性和等价性，矩阵范数都具备。为了书写方便，依然用 $\|\cdot\|$ 来表示矩阵范数。

【命题 1.29】 如果 $\boldsymbol{A}\in M_n(\mathbf{C})$，则

①$\|\boldsymbol{A}^p\|\leqslant\|\boldsymbol{A}\|^p$，$p$ 是正整数；

②如果 $\boldsymbol{A}^2=\boldsymbol{A}$，则 $\|\boldsymbol{A}\|\geqslant 1$；

③如果 $\boldsymbol{A}$ 可逆，则 $\|\boldsymbol{A}^{-1}\|\geqslant\dfrac{\|\boldsymbol{I}\|}{\|\boldsymbol{A}\|}$；

④$\|\boldsymbol{I}\|=1$。

下面用一个命题来总结常用的矩阵范数和不是矩阵范数的向量范数。

【命题 1.30】 如果 $\boldsymbol{A}\in M_n(\mathbf{C})$，则

①l_1 范数形式的范数 $\|\boldsymbol{A}\|=\sum_{ij}|a_{ij}|$ 是矩阵范数。

②l_2 范数形式的范数 $\|\boldsymbol{A}\|=\left(\sum_{ij}|a_{ij}|^2\right)^{\frac{1}{2}}$ 是矩阵范数。

③l_∞ 范数形式的范数 $\|\boldsymbol{A}\|=\max_{ij}|a_{ij}|$ 不是矩阵范数。

④$\|\boldsymbol{A}\|=\sup_{\|\boldsymbol{x}\|=1}\|\boldsymbol{Ax}\|$ 是矩阵范数，这里 $\|\cdot\|$ 是在向量空间 $\mathbf{C}^n$ 的范数，$\boldsymbol{x}\in\mathbf{C}^n$。这个矩阵范数也称为算子范数。

⑤$\|A\|_1=\max_j\sum_i|a_{ij}|$是由 l_1 向量范数推导出来的算子范数，即在向量空间 $\mathbf{C}^n$ 选取 l_1 向量范数得到的算子范数。这个范数也称为最大列和范数。

⑥$\|A\|_\infty=\max_i\sum_j|a_{ij}|$是由 l_∞ 向量范数推导出来的算子范数，即在向量空间 $\mathbf{C}^n$ 选取 l_∞ 向量范数得到的算子范数。这个范数也称为最大行和范数。

⑦$\|A\|_2=\max\{\sqrt{\lambda}:\lambda\text{是}A^*A\text{的一个特征值}\}$是由 l_2 向量范数推导出来的算子范数，即在向量空间 $\mathbf{C}^n$ 选取 l_2 向量范数得到的算子范数。这个范数也称为谱范数。

【定理 1.31】 如果$\|\cdot\|$是一个矩阵范数，则对任意 $A\in M_n(\mathbf{C})$，有 $\rho(A)<\|A\|$。

证明：令 $Ax=\lambda x$，$x\neq \mathbf{0}$，$\rho(A)=|\lambda|$，构造矩阵 $X=(x,x,\cdots,x)\in M_n(\mathbf{C})$，则对任意矩阵范数$\|\cdot\|$，有

$$|\lambda|\|X\|=\|\lambda X\|=\|AX\|\leqslant\|A\|\|X\|$$

以上定理只是给出了矩阵范数的下界，而下面的定理说明了，总能找到一个矩阵范数使其尽可能接近谱半径。

【定理 1.32】 令 $A\in M_n(\mathbf{C})$，对 $\varepsilon>0$，存在一个矩阵范数$\|\cdot\|$，使得

$$\rho(A)\leqslant\|A\|\leqslant\rho(A)+\varepsilon$$

定理证明略。

由于可以找到一个矩阵范数使得其值尽可能接近矩阵的谱半径，而矩阵范数满足等价性，因此如果选择其他矩阵范数也不会距离谱半径太远，总能保持在一个固定的范围。

【定理 1.33】 令 $A\in M_n(\mathbf{C})$，则 $\lim\limits_{k\to\infty}A^k=\mathbf{0}$ 当且仅当 $\rho(A)<1$。

证明：令 x 为矩阵 A 特征值 λ 的特征向量。假设

$$\lim_{k\to\infty}A^k=\mathbf{0}\Rightarrow\lim_{k\to\infty}A^k x=\lim_{k\to\infty}\lambda^k x=\mathbf{0}$$

$$|\lambda|<1\Rightarrow\rho(A)<1$$

反过来，$\rho(A)<1$，则存在一个矩阵范数$\|\cdot\|$，使得$\|A\|\leqslant\rho(A)+\varepsilon$。若$\varepsilon$足够小，则有$\|A\|<1$。因此

$$\lim_{k\to\infty}\|A\|^k=0\Rightarrow\lim_{k\to\infty}\|A^k\|=0$$

根据范数连续性有

$$\lim_{k\to\infty} \boldsymbol{A}^k = \boldsymbol{0}$$

由此可以推出矩阵级数的收敛性质。

【定理 1.34】 对 $\boldsymbol{A}\in M_n(\mathbf{C})$，如果存在一个矩阵范数 $\|\cdot\|$ 使得数值级数 $\sum_{k=0}^{\infty}|a_k|\|\boldsymbol{A}\|^k$ 收敛，则级数 $\sum_{k=0}^{\infty}a_k\boldsymbol{A}^k$ 收敛。

例如，级数 $\sum_{k=0}^{\infty}\frac{1}{k!}\|\boldsymbol{A}\|^k=\exp(\|\boldsymbol{A}\|)$，因此级数 $\sum_{k=0}^{\infty}\frac{1}{k!}\boldsymbol{A}^k$ 收敛于某个矩阵 $\boldsymbol{B}$，定义 $\exp(\boldsymbol{A})=\sum_{k=0}^{\infty}\frac{1}{k!}\boldsymbol{A}^k$。

【定理 1.35】 如果 $\boldsymbol{A}\in M_n(\mathbf{C})$，$\rho(\boldsymbol{A})<1$，则 $(\boldsymbol{I}-\boldsymbol{A})$ 是可逆矩阵，且 $(\boldsymbol{I}-\boldsymbol{A})^{-1}=\sum_{k=0}^{\infty}\boldsymbol{A}^k$。

证明：$\rho(\boldsymbol{A})<1$，则存在 $\|\boldsymbol{A}\|<1$，使得 $\sum_{k=0}^{\infty}\|\boldsymbol{A}\|^k=\frac{1}{1-\|\boldsymbol{A}\|}$，存在 $\boldsymbol{B}$ 使得 $\sum_{k=0}^{\infty}\boldsymbol{A}^k=\boldsymbol{B}$，等式两边乘 $\boldsymbol{I}-\boldsymbol{A}$，得到

$$(\boldsymbol{I}-\boldsymbol{A})\sum_{k=0}^{\infty}\boldsymbol{A}^k=\sum_{k=0}^{\infty}\boldsymbol{A}^k-\sum_{k=1}^{\infty}\boldsymbol{A}^k=\boldsymbol{B}-(\boldsymbol{B}-\boldsymbol{I})=\boldsymbol{I}$$

$$\Rightarrow(\boldsymbol{I}-\boldsymbol{A})^{-1}=\sum_{k=0}^{\infty}\boldsymbol{A}^k$$

【定义 1.36】 对 $\boldsymbol{A}\in M_n(\mathbf{C})$ 求逆，关于范数的条件数 $\|\cdot\|$ 定义如下：

$$\kappa(\boldsymbol{A})=\|\boldsymbol{A}^{-1}\|\|\boldsymbol{A}\|$$

如果 $\boldsymbol{A}$ 是非奇异矩阵，$\kappa(\boldsymbol{A})=\infty$；如果 $\boldsymbol{A}$ 是奇异矩阵，则

$$\kappa(\boldsymbol{A})=\|\boldsymbol{A}^{-1}\|\|\boldsymbol{A}\|\geqslant\|\boldsymbol{A}^{-1}\boldsymbol{A}\|=\|\boldsymbol{I}\|=1$$

现在用矩阵范数和条件数来估计对矩阵求逆的相对误差。假如矩阵 $\boldsymbol{A}\in M_n(\mathbf{C})$ 有噪声 $\Delta\boldsymbol{A}$，则求逆后的相对误差如下：

$$\frac{\|A^{-1}-(A+\Delta A)^{-1}\|}{\|A^{-1}\|}=\frac{\|A^{-1}-(I+A^{-1}\Delta A)^{-1}A^{-1}\|}{\|A^{-1}\|}$$

$$=\frac{\left\|A^{-1}-\sum_{k=0}^{\infty}(-1)^{k+1}(A^{-1}\Delta A)^{k}A^{-1}\right\|}{\|A^{-1}\|}$$

$$=\frac{\left\|\sum_{k=1}^{\infty}(-1)^{k+1}(A^{-1}\Delta A)^{k}A^{-1}\right\|}{\|A^{-1}\|}$$

$$\leqslant\sum_{k=1}^{\infty}(\|A^{-1}\|\|\Delta A\|)^{k}$$

$$=\frac{\|A^{-1}\|\|A\|}{1-\|A^{-1}\|\|A\|}$$

$$=\frac{\kappa(A)\dfrac{\|\Delta A\|}{\|A\|}}{1-\kappa(A)\dfrac{\|\Delta A\|}{\|A\|}}$$

因此当 $\kappa(A)$ 足够小时，相对误差接近 $\kappa(A)\dfrac{\|\Delta A\|}{\|A\|}$。如果 $\kappa(A)$ 很小，则称 A 是条件好的，即数值稳定性好；如果 $\kappa(A)$ 很大，则称 A 是条件差的。

类似于对矩阵求逆相对误差的估计，可以估计矩阵方程 $Ax=b$ 当 A 有扰动 ΔA 时的相对误差：

$$(A+\Delta A)\hat{x}=b\Rightarrow$$

$$\frac{\|x-\hat{x}\|}{\|x\|}=\frac{\|[A^{-1}-(A+\Delta A)^{-1}]b\|}{\|x\|}$$

$$=\frac{\sum_{k=1}^{\infty}(-1)^{k+1}(A^{-1}\Delta A)^{k}A^{-1}b}{\|x\|}$$

$$\leqslant\frac{\sum_{k=1}^{\infty}(\|A^{-1}\|\|\Delta A\|)^{k}\|x\|}{\|x\|}$$

$$=\frac{\|A^{-1}\|\|A\|}{1-\|A^{-1}\|\|A\|}$$

$$\approx\kappa(A)\frac{\|\Delta A\|}{\|A\|}$$

如果 $\boldsymbol{A}$ 有噪声 $\Delta\boldsymbol{A}$，$\boldsymbol{b}$ 有噪声 $\Delta\boldsymbol{b}$，有 $(\boldsymbol{A}+\Delta\boldsymbol{A})\hat{\boldsymbol{x}}=\boldsymbol{b}+\Delta\boldsymbol{b}$，求相对误差的过程与前面类似，最后得到

$$\frac{\|\boldsymbol{x}-\hat{\boldsymbol{x}}\|}{\|\boldsymbol{x}\|}\leqslant\kappa(\boldsymbol{A})\left(\frac{\|\Delta\boldsymbol{A}\|}{\|\boldsymbol{A}\|}+\frac{\|\Delta\boldsymbol{b}\|}{\|\boldsymbol{b}\|}\right)$$

同理，当 $\kappa(\boldsymbol{A})$ 很小时，相对误差接近 $\kappa(\boldsymbol{A})\frac{\|\Delta\boldsymbol{A}\|}{\|\boldsymbol{A}\|}$，说明 $\boldsymbol{A}$ 是条件好的，即数值稳定性好。

第 2 章　矩阵的分解

2.1　酉　矩　阵

本节介绍一类非常重要的矩阵，称为酉矩阵，这类矩阵有一些特有的性质。在矩阵理论中，经常利用矩阵来描述变换，在实空间中，正交变换保持度量不变，而正交变换中对应的变换矩阵就是正交矩阵，所以对正交矩阵的研究就显得格外重要。同样道理，想要得到复空间中保持度量不变的线性变换，就应该对正交变换进行推广，将其推广到复数域上，对应的正交矩阵也推广到复数域就是酉矩阵。

2.1.1　酉矩阵的等价条件

首先回顾一下正交的概念。$\boldsymbol{x}_1,\cdots,\boldsymbol{x}_k \in \mathbf{C}^n$ 如果满足

$$\boldsymbol{x}_j^*\boldsymbol{x}_m = \langle \boldsymbol{x}_j, \boldsymbol{x}_m \rangle = 0, \quad m \neq j$$

则这些向量是彼此正交的。如果满足

$$\boldsymbol{x}_j^*\boldsymbol{x}_m = \delta_{mj} = \begin{cases} 1, & j = m \\ 0, & j \neq m \end{cases}$$

则这些向量是标准正交的。

一组正交向量可以变成标准正交的，只要单位化每个向量，即

$$\boldsymbol{x}_j \to \frac{\boldsymbol{x}_j}{\|\boldsymbol{x}_j\|}$$

【定理 2.1】每一组标准正交向量都是线性无关的。

证明：假设 $S=\{\boldsymbol{u}_j\}_{j=1}^k$ 是一组标准正交的向量集合，而且线性相关。则不失一般性，可以假设

$$\boldsymbol{u}_1=\sum_{j=2}^k c_j\boldsymbol{u}_j,\quad c_j\in\mathbf{C}$$

则展开 $\langle\boldsymbol{u}_1,\boldsymbol{u}_1\rangle$ 得到

$$\begin{aligned}\langle\boldsymbol{u}_1,\boldsymbol{u}_1\rangle&=\langle\boldsymbol{u}_1,\sum_{j=2}^k c_j\boldsymbol{u}_j\rangle\\&=\sum_{j=2}^k\bar{c}_j\langle\boldsymbol{u}_1,\boldsymbol{u}_j\rangle\\&=0\end{aligned}$$

但已知 $\langle\boldsymbol{u}_1,\boldsymbol{u}_1\rangle=1$。矛盾。

【推论 2.2】如果 $S=\{\boldsymbol{u}_1,\cdots,\boldsymbol{u}_k\}\subset\mathbf{C}^n$ 是标准正交向量集合，则 $k\leqslant n$。

【推论 2.3】所有 $\mathbf{C}^n$ 的 k 维子空间都存在一组标准正交基。

证明：应用 Gram-Schmidt 过程即可将任何一组基都标准正交化。

【定义 2.4】矩阵 $\boldsymbol{U}\in M_n(\mathbf{C})$ 如果满足 $\boldsymbol{U}^*\boldsymbol{U}=\boldsymbol{I}$，则称为酉矩阵。如果 $\boldsymbol{U}\in M_n(\mathbf{R})$，且 $\boldsymbol{U}^{\mathrm{T}}\boldsymbol{U}=\boldsymbol{I}$，则 $\boldsymbol{U}$ 称为实正交矩阵。

【定义 2.5】一个线性变换 $T:\mathbf{C}^n\to\mathbf{C}^n$，如果满足 $\|T\boldsymbol{x}\|=\|\boldsymbol{x}\|$，对任意 $\boldsymbol{x}\in\mathbf{C}^n$，则称为等距变换。

【命题 2.6】假设 $\boldsymbol{U}\in M_n(\mathbf{C})$ 是酉矩阵，则

①$\boldsymbol{U}$ 的列向量是 $\mathbf{C}^n$ 的一组标准正交基；

②$\boldsymbol{U}$ 的谱 $\sigma(\boldsymbol{u})\subset\{\lambda\,|\,|\lambda|=1\}$；

③$|\det(\boldsymbol{U})|=1$。

证明：①从定义直接得到结论。

②令 $\boldsymbol{u}_i$ 为 $\boldsymbol{U}$ 的第 i 列，假设 λ 是 $\boldsymbol{U}$ 关于特征向量 $\boldsymbol{x}$ 的特征值，则

$$\begin{aligned}|\lambda|\|\boldsymbol{x}\|^2&=\|\boldsymbol{U}\boldsymbol{x}\|^2=\|\sum_i\boldsymbol{x}_i\boldsymbol{u}_i\|^2\\&=\langle\sum_i\boldsymbol{x}_i\boldsymbol{u}_i,\sum_i\boldsymbol{x}_i\boldsymbol{u}_i\rangle\\&=\sum_i|\boldsymbol{x}_i|^2=\|\boldsymbol{x}\|^2\end{aligned}$$

因此$|\lambda|=1$。

③$|\det(\boldsymbol{U})|=|\prod_i \lambda_i|=1$。

关于酉矩阵还有以下等价性质：

【**定理 2.7**】令$\boldsymbol{U}\in M_n(\mathrm{C})$，以下陈述都是等价的：

（1）$\boldsymbol{U}$ 是酉矩阵。

（2）$\boldsymbol{U}$ 是非奇异阵，且$\boldsymbol{U}^*=\boldsymbol{U}^{-1}$。

（3）$\boldsymbol{U}\boldsymbol{U}^*=\boldsymbol{I}$。

（4）$\boldsymbol{U}^*$ 是酉矩阵。

（5）$\boldsymbol{U}$ 的列向量是一组标准正交基。

（6）$\boldsymbol{U}$ 的行向量是一组标准正交基。

（7）$\boldsymbol{U}$ 是一个等距映射。

（8）$\boldsymbol{U}$ 把一组标准正交向量映射为另一组标准正交向量。

证明：（1）→（2），由酉矩阵的定义和可逆矩阵的唯一性可以推出。

（2）→（3），（2）中等式两边同时左乘$\boldsymbol{U}$ 即得（3）。

（1）→（4），$\boldsymbol{U}\boldsymbol{U}^*=(\boldsymbol{U}^*)^*\boldsymbol{U}^*=\boldsymbol{I}$。

（4）→（5），（1）和（5）等价，所以成立。

（4）→（6），用$\boldsymbol{v}_i$标记$\boldsymbol{U}^*$ 的列向量，则$\boldsymbol{v}_i^*$ 是$\boldsymbol{U}$ 的行向量。根据（5），$\boldsymbol{v}_i^*\boldsymbol{v}_j=\delta_{ij}$，所以$\boldsymbol{U}$ 的行向量是一组标准正交基。

（5）→（7），用$\boldsymbol{u}_1,\cdots,\boldsymbol{u}_n$ 来表示$\boldsymbol{U}$ 的列向量，可知这组列向量是标准正交的。于是有$\boldsymbol{U}\boldsymbol{x}=\sum_i \boldsymbol{x}_i\boldsymbol{u}_i$，而前面证明过$\|\boldsymbol{U}\boldsymbol{x}\|^2=\|\boldsymbol{x}\|^2$。

（7）→（5），考虑$\boldsymbol{x}=\boldsymbol{e}_j$，则$\boldsymbol{U}\boldsymbol{x}=\boldsymbol{u}_j$，所以$1=\|\boldsymbol{e}_j\|=\|\boldsymbol{U}\boldsymbol{e}_j\|=\|\boldsymbol{u}_j\|$，因此$\boldsymbol{U}$ 的列向量是单位向量。现在令$\boldsymbol{x}=\alpha\boldsymbol{e}_i+\beta\boldsymbol{e}_j$，使得

$$\|\boldsymbol{x}\|=\|\alpha\boldsymbol{e}_i+\beta\boldsymbol{e}_j\|=\sqrt{(|\alpha|^2+|\beta|^2)}=1$$

则

$$
\begin{aligned}
1=\|\boldsymbol{Ux}\|^2&=\|\alpha\boldsymbol{Ue}_i+\beta\boldsymbol{Ue}_j\|^2\\
&=\langle\alpha\boldsymbol{Ue}_i+\beta\boldsymbol{Ue}_j,\alpha\boldsymbol{Ue}_i+\beta\boldsymbol{Ue}_j\rangle\\
&=|\alpha|^2\langle\boldsymbol{Ue}_i,\boldsymbol{Ue}_i\rangle+|\beta|^2\langle\boldsymbol{Ue}_j,\boldsymbol{Ue}_j\rangle+\alpha\overline{\beta}\langle\boldsymbol{Ue}_i,\boldsymbol{Ue}_j\rangle+\overline{\alpha}\beta\langle\boldsymbol{Ue}_j,\boldsymbol{Ue}_i\rangle\\
&=|\alpha|^2\langle\boldsymbol{u}_i,\boldsymbol{u}_i\rangle+|\beta|^2\langle\boldsymbol{u}_j,\boldsymbol{u}_j\rangle+\alpha\overline{\beta}\langle\boldsymbol{u}_i,\boldsymbol{u}_j\rangle+\overline{\alpha\overline{\beta}\langle\boldsymbol{u}_i,\boldsymbol{u}_j\rangle}\\
&=1+2\mathrm{Re}(\alpha\overline{\beta}\langle\boldsymbol{u}_i,\boldsymbol{u}_j\rangle)
\end{aligned}
$$

因此

$$2\mathrm{Re}(\alpha\overline{\beta}\langle\boldsymbol{u}_i,\boldsymbol{u}_j\rangle)=0$$

假设$\langle\boldsymbol{u}_i,\boldsymbol{u}_j\rangle=s+\mathrm{i}t$，令$\alpha=\beta=2^{-\frac{1}{2}}$，则得到$s=\mathrm{Re}\langle\boldsymbol{u}_i,\boldsymbol{u}_j\rangle=0$。若令$\alpha=\mathrm{i}\beta=2^{-\frac{1}{2}}$，则得到$t=\mathrm{Im}\langle\boldsymbol{u}_i,\boldsymbol{u}_j\rangle=0$。因此$\langle\boldsymbol{u}_i,\boldsymbol{u}_j\rangle=0$。由于$\boldsymbol{i,j}$是任意的，所以$\boldsymbol{U}$是酉矩阵。

（7）→（8），假设$\boldsymbol{v}_1,\boldsymbol{v}_2,\cdots,\boldsymbol{v}_n$彼此正交，根据等距性$\|\boldsymbol{U}(\boldsymbol{v}_j,\boldsymbol{v}_k)\|^2=\|\boldsymbol{v}_j+\boldsymbol{v}_k\|^2$，可以推出$\langle\boldsymbol{v}_j,\boldsymbol{v}_k\rangle=0$。

（8）→（5），令$\boldsymbol{e}_j,j=1,2,\cdots,n$是一组标准向量，可以验证它们是正交的。则$\boldsymbol{Ue}_j=\boldsymbol{u}_j$，其中$\boldsymbol{u}_j$正好是$\boldsymbol{U}$的列向量。因此$\boldsymbol{U}$的列向量$\boldsymbol{u}_j$也是彼此标准正交的。

【推论 2.8】如果$\boldsymbol{U}\in M_n(\mathbf{C})$是酉矩阵，则由$\boldsymbol{U}$定义的变换向量之间的角度保持不变。

证明：对任意$\boldsymbol{x},\boldsymbol{y}\in\mathbf{C}^n$，它们之间夹角的余弦值为

$$\cos\theta=\frac{\langle\boldsymbol{x},\boldsymbol{y}\rangle}{\|\boldsymbol{x}\|\|\boldsymbol{y}\|}$$

$$\frac{\langle\boldsymbol{Ux},\boldsymbol{Uy}\rangle}{\|\boldsymbol{Ux}\|\|\boldsymbol{Uy}\|}=\frac{\langle\boldsymbol{U}^*\boldsymbol{Ux},\boldsymbol{y}\rangle}{\|\boldsymbol{x}\|\|\boldsymbol{y}\|}=\frac{\langle\boldsymbol{x},\boldsymbol{y}\rangle}{\|\boldsymbol{x}\|\|\boldsymbol{y}\|}$$

因此向量夹角保持不变。

最后，可以很容易得到酉矩阵的可对角化性质。

【定理 2.9】如果$\boldsymbol{U}\in M_n(\mathbf{C})$是酉矩阵，则它可对角化。

证明：首先，假设$\lambda_1,\cdots,\lambda_n$是$\boldsymbol{U}$的所有特征值。对于$\lambda_1$，选择一个对应的单位特征向量$\boldsymbol{u}_1$，然后选择$n-1$个向量$\boldsymbol{x}_2,\cdots,\boldsymbol{x}_n$与$\boldsymbol{u}_1$彼此标准正交。令$\boldsymbol{P}_1=(\boldsymbol{u}_1,\boldsymbol{x}_2,\cdots,\boldsymbol{x}_n)$，这个矩阵显然是一个酉矩阵。令$\boldsymbol{B}_1=\boldsymbol{P}_1^{-1}\boldsymbol{UP}_1$也是一个酉矩阵，$\boldsymbol{B}_1$的形式如下：

$$\begin{pmatrix}\lambda_1 & \boldsymbol{\alpha}\\ \boldsymbol{0} & \boldsymbol{A}_2\end{pmatrix}$$

其中，$\boldsymbol{\alpha}$ 是一个 $1\times(n-1)$ 向量。由于 $\boldsymbol{B}_1$ 是酉矩阵，其列向量彼此正交，所以可以推出 $\boldsymbol{\alpha}=\boldsymbol{0}$。因此

$$\boldsymbol{B}_1=\begin{pmatrix}\lambda_1 & \boldsymbol{0}\\ \boldsymbol{0} & \boldsymbol{A}_2\end{pmatrix}$$

对矩阵 $\boldsymbol{A}_2$ 重复以上步骤，可以类似地找到酉矩阵 $\boldsymbol{P}_2$，使得 $\boldsymbol{B}_2=\boldsymbol{P}_2^{-1}\boldsymbol{B}_1\boldsymbol{P}_2$，有

$$\boldsymbol{B}_2=\begin{pmatrix}\lambda_1 & 0 & 0\\ 0 & \lambda_2 & 0\\ 0 & 0 & \boldsymbol{A}_3\end{pmatrix}$$

重复直到 $\boldsymbol{\Lambda}=(\boldsymbol{P}_1\cdots\boldsymbol{P}_{n-1})^{-1}\boldsymbol{U}(\boldsymbol{P}_1\cdots\boldsymbol{P}_{n-1})$，其中 $\boldsymbol{\Lambda}$ 是对角线元素为 $\boldsymbol{U}$ 的特征值的对角矩阵，而 $\boldsymbol{V}=\boldsymbol{P}_1\cdots\boldsymbol{P}_{n-1}$ 是一个酉矩阵。

【**推论** 2.10】令 $\boldsymbol{U}\in M_n(\mathbf{C})$ 是酉矩阵，则

①$\boldsymbol{U}$ 有 n 个彼此正交的特征向量。

②令 $\{\lambda_1,\cdots,\lambda_n\}$ 和 $\{\boldsymbol{v}_1,\cdots,\boldsymbol{v}_n\}$ 分别为 $\boldsymbol{U}$ 的特征值和对应的特征向量，则 $\boldsymbol{U}$ 可以表达为 n 个秩为 1 的矩阵的和：

$$\boldsymbol{U}=\sum_{j=1}^{n}\lambda_j\boldsymbol{v}_j\boldsymbol{v}_j^*$$

这个表达式称为谱表达式，或者称为 $\boldsymbol{U}$ 的谱分解。

【**定义** 2.11】矩阵 $\boldsymbol{A},\boldsymbol{B}\in M_n$，如果存在酉矩阵 $\boldsymbol{U}\in M_n$ 使得：$\boldsymbol{B}=\boldsymbol{U}^*\boldsymbol{A}\boldsymbol{U}$，则称 $\boldsymbol{A}$ 和 $\boldsymbol{B}$ 是酉等价的。

【**定理** 2.12】如果 $\boldsymbol{A},\boldsymbol{B}\in M_n$ 酉等价，则

$$\sum_{i,j=1}^{n}|b_{ij}|^2=\sum_{i,j=1}^{n}|a_{ij}|^2$$

这里 a_{ij},b_{ij} 分别是 $\boldsymbol{A},\boldsymbol{B}$ 的第 ij 个元素。

证明：有

$$\mathrm{tr}(\boldsymbol{A}^*\boldsymbol{A})=\sum_{i,j=1}^{n}|a_{ij}|^2$$

由于$\boldsymbol{A}$和$\boldsymbol{B}$酉等价，则存在酉矩阵$\boldsymbol{U}$使得$\boldsymbol{B}=\boldsymbol{U}^*\boldsymbol{AU}$。所以

$$\begin{aligned}\sum_{i,j=1}^{n}|b_{ij}|^2&=\mathrm{tr}(\boldsymbol{B}^*\boldsymbol{B})\\&=(\boldsymbol{U}^*\boldsymbol{A}^*\boldsymbol{AU})\\&=\mathrm{tr}(\boldsymbol{A}^*\boldsymbol{A})\end{aligned}$$

即矩阵的迹在相似变换下不变。得证。

2.1.2 酉矩阵的性质

1. 运算性质

【定理 2.13】设$\boldsymbol{U}$为酉矩阵，则$\bar{\boldsymbol{U}},\boldsymbol{U}'$和$\boldsymbol{U}^{-1}$都是酉矩阵。

【定理 2.14】设$\boldsymbol{U}$为酉矩阵，则$\boldsymbol{U}$的伴随矩阵$\boldsymbol{U}^*$也是酉矩阵。

【推论 2.15】设$\boldsymbol{U}$为酉矩阵，则$\boldsymbol{U}^k$（k为正整数）是酉矩阵。

【推论 2.16】设$\boldsymbol{U}_1,\boldsymbol{U}_2$是酉矩阵，则$\boldsymbol{U}_1^*\boldsymbol{U}_2,\boldsymbol{U}_2\boldsymbol{U}_1^*$也是酉矩阵。

【推论 2.17】设$\boldsymbol{U}_1,\boldsymbol{U}_2$是酉矩阵，则$\boldsymbol{U}_1^k\boldsymbol{U}_2,\boldsymbol{U}_2\boldsymbol{U}_1^k,\boldsymbol{U}_1^k\boldsymbol{U}_2^m$（$k,m$为正整数）也是酉矩阵。

2. 酉矩阵的行列式

【定理 2.18】设$\boldsymbol{U}$为酉矩阵，则其行列式的模等于 1，即$|\det(\boldsymbol{U})|=1$，其中$\det(\boldsymbol{U})$表示$\boldsymbol{U}$的行列式。

证明：由$\boldsymbol{U}^{\mathrm{T}}\boldsymbol{U}=\boldsymbol{E}$得

$$\begin{aligned}1=\det(\boldsymbol{E})&=\det(\boldsymbol{U}^{\mathrm{T}}\boldsymbol{U})\\&=\det(\boldsymbol{U}^{\mathrm{T}})\det(\boldsymbol{U})\\&=\det(\bar{\boldsymbol{U}})\det(\boldsymbol{U})\\&=\overline{\det(\boldsymbol{U})}\det(\boldsymbol{U})\\&=|\det(\boldsymbol{U})|^2\end{aligned}$$

从而 $|\det(\boldsymbol{U})|=1$。

【定理 2.19】 设 $\boldsymbol{U}_1,\boldsymbol{U}_2$ 是酉矩阵，则 $\begin{bmatrix}\boldsymbol{U}_1 & \boldsymbol{O}\\ \boldsymbol{O} & \boldsymbol{U}_2\end{bmatrix}$，$\dfrac{1}{\sqrt{2}}\begin{bmatrix}\boldsymbol{U}_1 & \boldsymbol{U}_1\\ \boldsymbol{U}_1 & \boldsymbol{U}_1\end{bmatrix}$ 也是酉矩阵。

【定理 2.20】 设 $\boldsymbol{U}$ 为酉矩阵，则对 $\boldsymbol{U}$ 的任一行（列）乘模为 1 的数或任两行（列）互换，所得矩阵仍为酉矩阵。

3. 酉矩阵的特征值

【定理 2.21】 设 $\boldsymbol{U}$ 为酉矩阵，则 $\boldsymbol{U}$ 的特征值的模为 1，即分布在复平面的单位圆上。

【定理 2.22】 设 $\boldsymbol{U}$ 为酉矩阵，λ 是 $\boldsymbol{U}$ 的特征值，则 $\dfrac{1}{\lambda}$ 是 $\boldsymbol{U}^{\mathrm{T}}$ 的特征值。

【定理 2.23】 设 $\boldsymbol{U}$ 为酉矩阵，则属于 $\boldsymbol{U}$ 的不同特征值的特征向量正交。

4. 酉矩阵的其他性质

【定理 2.24】 设 $\boldsymbol{U}$ 为上（下）三角的酉矩阵，则 $\boldsymbol{U}$ 必为对角矩阵，且主对角线上元素的模等于 1。

【定理 2.25】 设 $\boldsymbol{U}=\boldsymbol{P}+\boldsymbol{IQ}$ 是酉矩阵，其中 $\boldsymbol{P}$、$\boldsymbol{Q}$ 为实矩阵，则 $\boldsymbol{P}'\boldsymbol{Q}$ 为实对称矩阵，且

$$\boldsymbol{P}'\boldsymbol{P}+\boldsymbol{Q}'\boldsymbol{Q}=\boldsymbol{E}$$

酉矩阵和正交矩阵均有许多良好的性质，它们在线性代数理论、优化理论、计算方法等方面都占有重要的地位。

2.2　Schur 定理

在工程计算中常常需要求解高阶行列式，而高阶行列式求解过程繁杂，需要花费大量时间求解，Schur 定理给出了分块行列式的一个降阶公式，应用 Schur 定理求解高阶行列式，常常能起到化繁为简的独特作用。

Schur 定理揭示了任意矩阵的一个很好的性质，即任意矩阵都跟一个三角矩阵酉相似。

【定理 2.26】（Schur 定理）任意矩阵 $\boldsymbol{A}\in M_n(\mathbf{C})$ 酉相似于一个三角矩阵。

证明：首先，假设 $\lambda_1,\cdots,\lambda_n$ 是 $\boldsymbol{A}$ 的所有特征值。对于 λ_1，选择一个对应的单位特征

向量$\boldsymbol{u}_1$，然后选择$n-1$个向量$\boldsymbol{x}_2,\cdots,\boldsymbol{x}_n$与$\boldsymbol{u}_1$彼此标准正交。

令$\boldsymbol{P}_1=(\boldsymbol{u}_1,\boldsymbol{x}_2,\cdots,\boldsymbol{x}_n)$，这个矩阵显然是一个酉矩阵。

令$\boldsymbol{B}_1=\boldsymbol{P}_1^{-1}\boldsymbol{A}\boldsymbol{P}_1$，$\boldsymbol{B}_1$的形式如下：

$$\begin{pmatrix} \lambda_1 & \boldsymbol{\alpha}_1 \\ \boldsymbol{0} & \boldsymbol{A}_2 \end{pmatrix}$$

其中，$\boldsymbol{\alpha}_1$是一个$1\times(n-1)$向量。

可知$\boldsymbol{A}_2$的特征值为$\lambda_2,\cdots,\lambda_n$。对矩阵$\boldsymbol{A}_2$重复以上步骤，可以类似地找到酉矩阵$\boldsymbol{P}_2'$，使得$\boldsymbol{B}_2'=(\boldsymbol{P}_2')^{-1}\boldsymbol{A}_1\boldsymbol{P}_2'$，有

$$\boldsymbol{B}_2'=\begin{pmatrix} \lambda_2 & \boldsymbol{\alpha}_2 \\ \boldsymbol{0} & \boldsymbol{A}_3 \end{pmatrix}$$

则可令

$$\boldsymbol{P}_2=\begin{pmatrix} 1 & \boldsymbol{0} \\ \boldsymbol{0} & \boldsymbol{P}_2' \end{pmatrix}$$

于是$\boldsymbol{P}_2$是一个酉矩阵，令$\boldsymbol{B}_2=\boldsymbol{P}_2^{-1}\boldsymbol{B}_1\boldsymbol{P}_2$，$\boldsymbol{B}_2$形式如下：

$$\boldsymbol{B}_2=\begin{pmatrix} \lambda_1 & * & * \\ 0 & \lambda_2 & * \\ 0 & 0 & \boldsymbol{A}_3 \end{pmatrix}$$

这里*表示此处的数无须计算出具体的值。

重复直到$\boldsymbol{\Lambda}=(\boldsymbol{P}_1\cdots\boldsymbol{P}_{n-1})^{-1}\boldsymbol{U}(\boldsymbol{P}_1\cdots\boldsymbol{P}_{n-1})$，其中$\boldsymbol{\Lambda}$是对角线元素为$\boldsymbol{U}$的特征值的对角矩阵，而$\boldsymbol{V}=\boldsymbol{P}_1\cdots\boldsymbol{P}_{n-1}$是一个酉矩阵。

对于一个实数矩阵，如果希望用实正交矩阵来分解，则有以下定理：

【定理 2.27】如果$\boldsymbol{A}\in M_n(\mathbf{R})$，则存在一个实正交矩阵$\boldsymbol{Q}\in M_n(\mathbf{R})$使得

$$\boldsymbol{Q}^{\mathrm{T}}\boldsymbol{A}\boldsymbol{Q}=\begin{pmatrix} \boldsymbol{A}_1 & * & \cdots & * \\ 0 & \boldsymbol{A}_2 & & \vdots \\ \vdots & & \ddots & * \\ 0 & \cdots & 0 & \boldsymbol{A}_k \end{pmatrix}$$

其中，$1 \leqslant k \leqslant n$，每个 $\boldsymbol{A}_i$ 是一个实数或者是一个特征值共轭的 2×2 实矩阵。

证明略。

Schur 定理可以应用到著名的 Cayley-Hamilton 定理的证明中。

下面介绍几个常用的引理。

【引理 2.28】 如果 $\boldsymbol{S},\boldsymbol{T} \in M_n(\mathbf{C})$ 都是上三角矩阵，则 $\boldsymbol{ST}$ 也是上三角矩阵，而且 $(\boldsymbol{ST})_{ii} = (\boldsymbol{S})_{ii}(\boldsymbol{T})_{ii}$。

【引理 2.29】 令 $\boldsymbol{R},\boldsymbol{T} \in M_n(\mathbf{C})$ 为上三角矩阵，$k=1,2,\cdots,n$。$\boldsymbol{R}$ 满足前 k 列都等于 0，而 $(\boldsymbol{T})_{k+1,k+1}=0$。令 $\boldsymbol{S}=\boldsymbol{RT}$，则 $\boldsymbol{S}$ 的前 $k+1$ 列都等于 0。

【定理 2.30】（Cayley-Hamilton 定理）令 $\boldsymbol{A} \in M_n(\mathbf{C})$，并且 $p(t)=\det(t\boldsymbol{I}-\boldsymbol{A})$ 是 $\boldsymbol{A}$ 的特征多项式，则 $p(\boldsymbol{A})=\boldsymbol{0}$。

证明：令 $\lambda_1,\cdots,\lambda_n$ 为 $\boldsymbol{A}$ 的 n 个特征值。应用 Schur 定理，则有以下表达式的推导：

$$
\begin{aligned}
p(t)=\prod_{i=1}^{n}(t-\lambda_i) \Rightarrow p(\boldsymbol{A}) &= \prod_{i=1}^{n}(\boldsymbol{A}-\lambda_i) \\
&= \prod_{i=1}^{n}(\boldsymbol{U}^*\boldsymbol{TU}-\lambda_i) \\
&= \boldsymbol{U}^*\left[\prod_{i=1}^{n}(\boldsymbol{T}-\lambda_i)\right]\boldsymbol{U} \\
&= \boldsymbol{U}^*\boldsymbol{0}\boldsymbol{U}=\boldsymbol{0}
\end{aligned}
$$

从 Cayley-Hamilton 定理可以得到一个重要的推论，用于矩阵的逆的运算。

【推论 2.31】 如果 $\boldsymbol{A} \in M_n(\mathbf{C})$ 是可逆的，则存在一个次数为 $n-1$ 的多项式 $q(t)$ 使得 $\boldsymbol{A}^{-1}=q(\boldsymbol{A})$。

证明：令

$$
p(t)=\det(t\boldsymbol{I}-\boldsymbol{A})=a_0+a_1t+\cdots+a_{n-1}t^{n-1}+t^n
$$

其中 $a_0=\det(\boldsymbol{A})\neq 0$，则

$$
p(\boldsymbol{A})=a_0\boldsymbol{I}+a_1\boldsymbol{A}+\cdots+a_{n-1}\boldsymbol{A}^{n-1}+\boldsymbol{A}^n=\boldsymbol{0}
$$

两边乘 $\boldsymbol{A}^{-1}$，则有

$$a_0\boldsymbol{A}^{-1}+a_1\boldsymbol{I}+\cdots+a_{n-1}\boldsymbol{A}^{n-2}+\boldsymbol{A}^{n-1}=\boldsymbol{0}$$

因此

$$\boldsymbol{A}^{-1}=-\frac{1}{a_0}(a_1\boldsymbol{I}+\cdots+a_{n-1}\boldsymbol{A}^{n-2}+\boldsymbol{A}^{n-1})=q(\boldsymbol{A})$$

$$q(t)=-\frac{1}{a_0}(a_1+\cdots+a_{n-1}t^{n-2}+t^{n-1})$$

证毕。

由 Cayley-Hamilton 定理可以简化矩阵计算，如以下例题所示。

【例 2.1】 设 $\boldsymbol{A}=\begin{pmatrix}-1 & 1 & 0\\ -4 & 3 & 0\\ 1 & 0 & 2\end{pmatrix}$，求 $\boldsymbol{A}^{10}-\boldsymbol{A}^6+8\boldsymbol{A}$。

解：
$$\varphi(\lambda)=\det(\lambda\boldsymbol{I}-\boldsymbol{A})=\lambda^4-1$$

由 Cayley-Hamilton 定理

$$\varphi(\boldsymbol{A})=\boldsymbol{A}^4-\boldsymbol{I}_4=\boldsymbol{0}$$

因此

$$\boldsymbol{A}^{10}-\boldsymbol{A}^6+8\boldsymbol{A}=\boldsymbol{A}^6(\boldsymbol{A}^4-\boldsymbol{I}_4)+8\boldsymbol{A}=8\boldsymbol{A}$$

2.3 LU 分解

在线性系统的很多应用中，人们需要对同一个矩阵 $\boldsymbol{A}$，很多个不同的向量 $\boldsymbol{b}$，解矩阵方程 $\boldsymbol{Ax}=\boldsymbol{b}$。例如，一个工程结构必须对多个不同负重进行测试，而负重则可以用一个向量 $\boldsymbol{b}$ 来表示。高斯消去法是最有效和最精确的解矩阵线性方程的方法。但如果需要解多个方程 $\boldsymbol{Ax}=\boldsymbol{b}$，同时 $\boldsymbol{A}$ 是不变的、很大的矩阵，并且 $\boldsymbol{b}$ 有很多不同的取值，此时则需要重复很多遍同样步骤的高斯消去法。

【定理 2.32】 设 $\boldsymbol{A}\in M_n(\mathbf{C})$，若 $\boldsymbol{A}$ 可以表示成一个下三角矩阵 $\boldsymbol{L}$ 与一个上三角矩阵 $\boldsymbol{U}$ 的乘积，即

$$A = LU$$

则称其为矩阵 A 的 LU 分解（三角分解）。

LU 分解的主要思想就是把对矩阵 A 应用高斯消去法的每一个步骤都记录下来，以便于重复作用。在这里用一个简单的三阶矩阵来展示这个过程。

考虑矩阵

$$\begin{pmatrix} 1 & -2 & 3 \\ 2 & -5 & 12 \\ 0 & 2 & -10 \end{pmatrix}$$

高斯消去法的第一步就是第二行减去两倍的第一行，把第一行所乘的系数 2 放到想消为 0 的位置上，即第二行第一列的位置。为了记录得更清楚些，将所乘系数 2 加上括号写在该位置，于是有

$$\begin{pmatrix} 1 & -2 & 3 \\ (2) & -1 & 6 \\ 0 & 2 & -10 \end{pmatrix}$$

由于第三行第一列已经有一个 0，实际上给第三行减去第一行相乘的系数是 0，所以用括号括起这个−2。而为了消去第三行第二列，要给第三行减去第二行乘−2，所以矩阵记录变成

$$\begin{pmatrix} 1 & -2 & 3 \\ (2) & -1 & 6 \\ 0 & (-2) & 2 \end{pmatrix}$$

令 U 为最后所生成的上三角矩阵，令 L 为整个过程所乘的矩阵的逆，有

$$U = \begin{pmatrix} 1 & -2 & 3 \\ 0 & -1 & 6 \\ 0 & 0 & 2 \end{pmatrix}$$

$$L=\begin{pmatrix}1 & 0 & 0\\ 2 & 1 & 0\\ 0 & -2 & 1\end{pmatrix}$$

很容易验证 $\boldsymbol{A}=\boldsymbol{LU}$ ，而这个分解称为 LU 分解。

注意到在高斯消去法的过程中，有时候会遇到矩阵第 i 个元素为 0 的情况，此时需要将第 i 行和其他行（满足第 i 列不等于 0）置换，所以高斯消去法也伴随着与置换矩阵相乘。假设整个过程需要用到的置换矩阵是 $\boldsymbol{P}$，则有 $\boldsymbol{PA}=\boldsymbol{LU}$ 。$\boldsymbol{P}$ 是单位矩阵相应的行置换后得到的矩阵。

【定理 2.33】（PLU 分解定理）对可逆矩阵 $\boldsymbol{A}$，存在一个置换矩阵 $\boldsymbol{P}$，一个上三角矩阵 $\boldsymbol{U}$，一个下三角矩阵 $\boldsymbol{L}$，使得 $\boldsymbol{PA}=\boldsymbol{LU}$ ，并且 $\boldsymbol{L}$ 的对角线元素都为 1。

很多商业软件都有计算 $\boldsymbol{P}$，$\boldsymbol{L}$，$\boldsymbol{U}$ 三个矩阵的函数，如 MATLAB 就有函数 LU 实现对矩阵进行 PLU 分解的功能。

要应用 PLU 分解来求解 $\boldsymbol{Ax}=\boldsymbol{b}$ ，首先在等式两边都乘 $\boldsymbol{P}$:

$$\boldsymbol{PAx}=\boldsymbol{Pb}:=\boldsymbol{d}$$

将 $\boldsymbol{PA}$ 替换成 $\boldsymbol{LU}$:

$$\boldsymbol{LUx}=\boldsymbol{d}$$

于是问题变成两个方程:

$$\boldsymbol{Ly}=\boldsymbol{d}$$

$$\boldsymbol{Ux}=\boldsymbol{y}$$

表面上看起来这样并没有让计算过程简单化。但实际上当 $\boldsymbol{A}$ 很大时，使用计算机分开解以上两个方程比直接解原方程要省很多时间。

2.4　QR 分解和 QR 算法

为一个给定的矩阵 $\boldsymbol{A}\in M_n$ 提供一种 Schur 酉上三角化的特殊计算方法，以及（在某些假设下）计算特征值的一个通用的数值方法，称为 QR 算法，QR 算法基于一般

矩阵 $\boldsymbol{A}\in M_{n,m}(\mathbf{R})$，$\boldsymbol{Q}$ 和 $\boldsymbol{R}$ 都可以取实矩阵。QR 算法包含两个分开的步骤。

首先通过相似变换，将原矩阵变换成 Hessenberg 形式，再对 Hessenberg 矩阵应用 QR 循环。本节介绍的 QR 算法主要应用在两个方面：第一是用于计算大型矩阵的特征值问题；第二是用于解内部的小辅助特征值问题。

1. QR 分解

【定理 2.34】 假设 $\boldsymbol{A}\in M_{n,m}$，$n\geqslant m$，则存在矩阵 $\boldsymbol{Q}\in M_{n,m}$（有 m 个标准正交的列向量）和上三角矩阵 $\boldsymbol{R}\in M_m$，使得 $\boldsymbol{A}=\boldsymbol{QR}$。如果 $n=m$，则 $\boldsymbol{Q}$ 是酉矩阵。

证明：正如 Gram-Schmidt 过程一样：

$$\boldsymbol{q}_1=\begin{cases}\dfrac{\boldsymbol{a}_1}{\|\boldsymbol{a}_1\|}, & \boldsymbol{a}_1\neq\boldsymbol{0}\\ \boldsymbol{0}, & \boldsymbol{a}_1=\boldsymbol{0}\end{cases}$$

$$\boldsymbol{y}_k=\boldsymbol{a}_k-\sum_{i=1}^{k-1}\langle\boldsymbol{a}_i,\boldsymbol{q}_i\rangle,\qquad k=2,3,\cdots,m$$

$$\boldsymbol{q}_k=\begin{cases}\dfrac{\boldsymbol{y}_k}{\|\boldsymbol{y}_k\|}, & \boldsymbol{y}_k\neq\boldsymbol{0}\\ \boldsymbol{0}, & \boldsymbol{y}_k=\boldsymbol{0}\end{cases}$$

于是有

$$\boldsymbol{a}_k=\boldsymbol{q}_k\|\boldsymbol{y}_k\|+\sum_{i=1}^{k-1}\langle\boldsymbol{a}_k,\boldsymbol{q}_i\rangle\boldsymbol{q}_i$$

所以

$$\boldsymbol{A}=(\boldsymbol{q}_1,\boldsymbol{q}_2,\cdots,\boldsymbol{q}_m)\begin{pmatrix}\|\boldsymbol{a}_1\| & \langle\boldsymbol{a}_2,\boldsymbol{q}_1\rangle & \langle\boldsymbol{a}_3,\boldsymbol{q}_1\rangle & \cdots & \langle\boldsymbol{a}_m,\boldsymbol{q}_1\rangle\\ 0 & \|\boldsymbol{y}_2\| & \langle\boldsymbol{a}_3,\boldsymbol{q}_2\rangle & \cdots & \langle\boldsymbol{a}_m,\boldsymbol{q}_2\rangle\\ \vdots & \vdots & \vdots & & \vdots\\ 0 & 0 & 0 & \cdots & \|\boldsymbol{y}_m\|\end{pmatrix}=\boldsymbol{QR}$$

如果 $m=n$，则 $\boldsymbol{Q}$ 是酉矩阵。

QR 分解的应用之一是 QR 算法。假设 $\boldsymbol{A}\in M_n$，令 $\boldsymbol{A}_1=\boldsymbol{A}$，则应用 QR 分解得到

$$\boldsymbol{A}_1=\boldsymbol{Q}_1\boldsymbol{R}_1$$

构造矩阵 $\boldsymbol{A}_2=\boldsymbol{R}_1\boldsymbol{Q}_1=\boldsymbol{Q}_1^*\boldsymbol{A}_1\boldsymbol{Q}_1$，然后对 $\boldsymbol{A}_2$ 进行 QR 分解：

$$\boldsymbol{A}_2=\boldsymbol{Q}_2\boldsymbol{R}_2$$

再构造 $\boldsymbol{A}_3=\boldsymbol{R}_2\boldsymbol{Q}_2=\boldsymbol{Q}_2^*\boldsymbol{A}_2\boldsymbol{Q}_2$，不断循环下去。对每一步都有

$$\boldsymbol{A}_k=\boldsymbol{Q}_k\boldsymbol{R}_k$$

$$\boldsymbol{A}_{k+1}=\boldsymbol{R}_k\boldsymbol{Q}_k=\boldsymbol{Q}_k^*\boldsymbol{R}_k\boldsymbol{Q}_k$$

因此每个 $\boldsymbol{A}_k$ 和 $\boldsymbol{A}_{k+1}$ 是酉相似的。

【定理 2.35】假设 $\boldsymbol{A}\in M_n$，并且其特征值 $\lambda_1,\cdots,\lambda_n$ 满足 $|\lambda_1|>|\lambda_2|>\cdots>|\lambda_n|>0$，则上面构造的矩阵 $\boldsymbol{A}_k$ 收敛于一个上三角矩阵。

2. QR 算法

（1）基础 QR 算法。

基础 QR 算法计算 $\boldsymbol{A}$ 的 Schur 分解的酉矩阵 $\boldsymbol{U}$ 和上三角矩阵 $\boldsymbol{T}$ 的步骤如下：

①令 $\boldsymbol{A}\in M_n$，设定 $\boldsymbol{A}_1:=\boldsymbol{A}$，$\boldsymbol{U}_1=\boldsymbol{I}$。

②对 $k=1,2,\cdots$，重复以下步骤：

$$\boldsymbol{A}_k=\boldsymbol{Q}_k\boldsymbol{R}_k$$

$$\boldsymbol{A}_{k+1}:=\boldsymbol{R}_k\boldsymbol{Q}_k$$

$$\boldsymbol{U}_{k+1}:=\boldsymbol{U}_k\boldsymbol{Q}_k$$

③直到 $\boldsymbol{A}_k$，$\boldsymbol{U}_k$ 收敛，令

$$\boldsymbol{T}=\lim_{k\to\infty}\boldsymbol{A}_k,\quad \boldsymbol{U}=\lim_{k\to\infty}\boldsymbol{U}_k$$

商业软件如 MATLAB 有基本 QR 算法的函数（qr）。基本 QR 算法的速度较慢，而为了加快算法收敛，引进 Hessenberg 矩阵的概念。Hessenberg 矩阵是接近上三角矩阵的一种矩阵形式。

（2）Hessenberg QR 算法。

【定义 2.36】 如果矩阵 $\boldsymbol{H}$ 的元素满足以下性质：

$$h_{ij}=0,\quad i>j+1$$

则 $\boldsymbol{H}$ 称为 Hessenberg 矩阵。

【定理 2.37】 Hessenberg 矩阵的形式在 QR 算法中保持不变。

证明略。

用 $\boldsymbol{H}_{k:j,m:n}$ 来表示 $\boldsymbol{H}$ 的一个子矩阵，取的是 $\boldsymbol{H}$ 的第 k～j 行，第 m～n 列。

Hessenberg QR 算法的步骤如下：

①令 $\boldsymbol{H}\in M_n$ 是一个 Hessenberg 矩阵。将 $\boldsymbol{H}$ 进行分解，得到 $\boldsymbol{H}=\boldsymbol{QR}$ 后，用 $\boldsymbol{H}=\boldsymbol{RQ}$ 替换原来的 $\boldsymbol{H}$，为了让书写方便，更新的 $\boldsymbol{H}$ 依然用 $\boldsymbol{H}$ 来表示。

②对 $k=1,2,\cdots,n-1$，循环以下步骤：

$$c_k:=(\boldsymbol{H})_{k,k}$$

$$s_k:=(\boldsymbol{H})_{k+1,k}$$

$$\boldsymbol{H}_{k:k+1,k:n}:=\begin{pmatrix}c_k & s_k\\ -s_k & c_k\end{pmatrix}\boldsymbol{H}_{k:k+1,k:n}$$

③对 $k=1,2,\cdots,n-1$，循环以下步骤：

$$\boldsymbol{H}_{1:k+1,k:k+1}:=\boldsymbol{H}_{1:k+1,k:k+1}\begin{pmatrix}c_k & s_k\\ -s_k & c_k\end{pmatrix}$$

由于任意方阵都可以通过高斯消去法而获得其某个 Hessenberg 形式（MATLAB 有函数 hess 可实现这个功能），所以结合前面介绍的基本 QR 算法即可实现 Hessenberg QR 算法。一般而言 Hessenberg QR 算法比基本 QR 算法收敛速度快。

2.5　Jordan 标准型

Jordan 标准型在物理、工程、经济学等多个领域都有广泛的应用，是矩阵论中的一个重要工具。它提供了一种将不可对角化的矩阵转化为简单形式的方法，从而简化了矩阵运算和理论分析过程。

2.5.1 Jordan 标准型

【**定义 2.38**】方阵 $\boldsymbol{A}$ 具有以下形式：

$$\begin{pmatrix} \lambda & 1 & & \\ & \ddots & \ddots & \\ & & \lambda & 1 \\ & & & \lambda \end{pmatrix}$$

被称为 $\lambda-$Jordan 块。

也就是说，Jordan 块是上三角矩阵，对角线元素相等，而且在对角线右边的元素都是 1（最后一个元素除外）。矩阵 $\boldsymbol{J}$ 有以下形式：

$$\begin{pmatrix} \boldsymbol{J}_1 & & & \\ & \boldsymbol{J}_2 & & \\ & & \ddots & \\ & & & \boldsymbol{J}_k \end{pmatrix}$$

其中，$\boldsymbol{J}_i, i=1,\cdots,k$ 是 λ_i-Jordan 块，则 $\boldsymbol{J}$ 称为 Jordan 标准型。

为了方便书写，也可以用直和符号 $\oplus$ 来表示这个分块对角矩阵，即 $\boldsymbol{J}=\oplus_i \boldsymbol{J}_i$。

【**定义 2.39**】令 $\boldsymbol{A}\in M_n$ 为 $n\times n$ 矩阵，一个有序的集合 $B=\{\boldsymbol{b}_1,\boldsymbol{b}_2,\cdots,\boldsymbol{b}_n\}$ 是 $\mathbf{C}^n$ 的一组基，满足

$$\boldsymbol{A}\boldsymbol{b}_i=\lambda_i\boldsymbol{b}_i \quad 或者 \quad \boldsymbol{A}\boldsymbol{b}_i=\lambda_i\boldsymbol{b}_i+\boldsymbol{b}_{i-1}$$

其中，λ_i 是对应 $\boldsymbol{b}_i$ 的特征值，对 $i=1,\cdots,n$ 成立。这个性质称为 Jordan 基性质。

Jordan 基里，有些是特征向量，有些却不是。在这里给出广义特征向量的定义。

【**定义 2.40**】令 $\boldsymbol{A}\in M_n(\mathbf{C})$ 的谱是

$$\sigma(\boldsymbol{A})=\{\lambda_1,\lambda_2,\cdots,\lambda_n\}$$

对每个 λ_i，其广义特征空间定义为以下集合：

$$V_{\lambda_i}=\{\boldsymbol{x}\in\mathbf{C}^n \mid (\boldsymbol{A}-\lambda_i\boldsymbol{I})^n\boldsymbol{x}=\boldsymbol{0}\}$$

说明：首先，λ_i 对应的特征向量一定在广义特征空间里；对于某个 $\boldsymbol{x}\in V_{\lambda_i}$，存在某个正整数 p，使得 $(\boldsymbol{A}-\lambda_i\boldsymbol{I})^p\boldsymbol{x}=\boldsymbol{0}$ 但 $(\boldsymbol{A}-\lambda_i\boldsymbol{I})^{p-1}\boldsymbol{x}\neq\boldsymbol{0}$。

【定理 2.41】 设 λ 是方阵 $\boldsymbol{A}$ 的一个特征值，则广义特征空间 V_λ 是一个不变子空间，即 $\boldsymbol{A}V_\lambda\subset V_\lambda$。

证明：对任意 $\boldsymbol{x}\in V_\lambda$，有

$$(\boldsymbol{A}-\lambda\boldsymbol{I})^n\boldsymbol{x}=\boldsymbol{0}\Rightarrow(\boldsymbol{A}-\lambda\boldsymbol{I})^n\boldsymbol{A}\boldsymbol{x}=\boldsymbol{A}(\boldsymbol{A}-\lambda\boldsymbol{I})^n\boldsymbol{x}=\boldsymbol{0}$$

因此 $\boldsymbol{A}\boldsymbol{x}\in V_\lambda$。

在广义特征空间里的向量，被称为广义特征向量。广义特征向量 $\boldsymbol{x}\in V_\lambda$ 若不是特征向量，则可以理解为经过 $\boldsymbol{A}-\lambda\boldsymbol{I}$ 的多次映射后，变成 $\boldsymbol{A}$ 的特征向量的向量。

【定理 2.42】 假设 $\boldsymbol{A}\in M_n(\mathbf{C})$ 只有一个特征值 λ，而且 $\mathrm{geom}(\lambda)=n$，则存在 $\boldsymbol{x}\in\mathbf{C}^n$，使得

$$\{(\boldsymbol{A}-\lambda\boldsymbol{I})^{n-1}\boldsymbol{x},(\boldsymbol{A}-\lambda\boldsymbol{I})^{n-2}\boldsymbol{x},\cdots,(\boldsymbol{A}-\lambda\boldsymbol{I})\boldsymbol{x},\boldsymbol{x}\}$$

是 V_λ 的一组 Jordan 基，且 $\boldsymbol{A}\sim\boldsymbol{J}$，这里 $\boldsymbol{J}$ 是一个阶为 n 的 $\lambda-$Jordan 方块。

证明：

$$(\boldsymbol{A}-\lambda\boldsymbol{I})\boldsymbol{y}=\boldsymbol{0}\Rightarrow\boldsymbol{U}^*\begin{pmatrix}0&*&\cdots&*\\ \vdots&\ddots&\ddots&\vdots\\ 0&\cdots&0&*\\ 0&\cdots&0&0\end{pmatrix}\boldsymbol{U}\boldsymbol{y}=\boldsymbol{U}^*\boldsymbol{T}\boldsymbol{U}\boldsymbol{y}=\boldsymbol{0}$$

因为 $\mathrm{geom}(\lambda)=1$，所以 $\mathrm{rank}(\boldsymbol{T})=n-1$。

令 $\boldsymbol{z}=\boldsymbol{U}\boldsymbol{y}$，设 $\boldsymbol{z}=\begin{pmatrix}1\\0\\ \vdots\\0\end{pmatrix}$，然后解得 $\boldsymbol{y}=\boldsymbol{U}^*\boldsymbol{z}$。

对于等式 $(\boldsymbol{A}-\lambda\boldsymbol{I})^{n-1}\boldsymbol{x}=\boldsymbol{y}=\boldsymbol{U}^*\boldsymbol{z}$ 有

$$(\boldsymbol{A}-\lambda\boldsymbol{I})^{n-1}\boldsymbol{x}=\boldsymbol{y}=\boldsymbol{U}^*\boldsymbol{z}$$

$$\Rightarrow U^* \begin{pmatrix} 0 & * & \cdots & * \\ \vdots & \ddots & \ddots & \vdots \\ 0 & \cdots & 0 & * \\ 0 & \cdots & 0 & 0 \end{pmatrix} Ux = U^* z$$

$$\Rightarrow \begin{pmatrix} 0 & \cdots & 0 & * \\ 0 & \cdots & 0 & 0 \\ \vdots & & \vdots & \vdots \\ 0 & \cdots & 0 & 0 \end{pmatrix} Ux = \begin{pmatrix} 1 \\ 0 \\ \vdots \\ 0 \end{pmatrix}$$

令 $\boldsymbol{v} = \boldsymbol{U}\boldsymbol{x}$，则 $\boldsymbol{v} = \begin{pmatrix} 0 \\ \vdots \\ 0 \\ \frac{1}{*} \end{pmatrix}$， $\boldsymbol{x} = \boldsymbol{U}^* \boldsymbol{v}$ 。显然 $(\boldsymbol{A} - \lambda \boldsymbol{I})^k \boldsymbol{x} \neq \boldsymbol{0}$， $k < n$ 。

如果 $\{(\boldsymbol{A}-\lambda\boldsymbol{I})^{n-1}\boldsymbol{x}, (\boldsymbol{A}-\lambda\boldsymbol{I})^{n-2}\boldsymbol{x}, \cdots, (\boldsymbol{A}-\lambda\boldsymbol{I})\boldsymbol{x}, \boldsymbol{x}\}$ 是线性相关的，存在 $\boldsymbol{\alpha}_1, \cdots, \boldsymbol{\alpha}_n \in \mathbf{C}$ 非全零，使得

$$\boldsymbol{\alpha}\ (\boldsymbol{A}-\lambda\boldsymbol{I})^{n-1}\boldsymbol{x} + \cdots + \boldsymbol{\alpha}_n \boldsymbol{x} = \boldsymbol{0} \tag{2.1}$$

两边乘 $(\boldsymbol{A}-\lambda\boldsymbol{I})^{n-1}$，得到

$$\boldsymbol{\alpha}_1 (\boldsymbol{A}-\lambda\boldsymbol{I})^{2n-2}\boldsymbol{x} + \cdots + \boldsymbol{\alpha}_n (\boldsymbol{A}-\lambda\boldsymbol{I})^{n-1}\boldsymbol{x} = \boldsymbol{0}$$

因为 $(\boldsymbol{A}-\lambda\boldsymbol{I})^n = P_A(\lambda) = \boldsymbol{0}$，等式变成

$$\boldsymbol{\alpha}_n (\boldsymbol{A}-\lambda\boldsymbol{I})^{n-1}\boldsymbol{x} = \boldsymbol{0}$$

这样证明了 $(\boldsymbol{A}-\lambda\boldsymbol{I})^{n-1}\boldsymbol{x} = \boldsymbol{y} \neq \boldsymbol{0}$，因此 $\boldsymbol{\alpha}_n = \boldsymbol{0}$ 。

将式（2.1）两边乘 $(\boldsymbol{A}-\lambda\boldsymbol{I})^{n-2}$，得到 $\boldsymbol{\alpha}_{n-1} = \boldsymbol{0}$，不断重复这个步骤。

最后 $\boldsymbol{\alpha}_1 = \boldsymbol{\alpha}_2 = \cdots = \boldsymbol{\alpha}_n = \boldsymbol{0}$，与线性相关矛盾。因此集合 $\{(\boldsymbol{A}-\lambda\boldsymbol{I})^{n-1}\boldsymbol{x}, \cdots, (\boldsymbol{A}-\lambda\boldsymbol{I})\boldsymbol{x}, \boldsymbol{x}\}$ 线性无关，并且有 n 个向量，是一组基。令

$$\boldsymbol{P} = ((\boldsymbol{A}-\lambda\boldsymbol{I})^{n-1}\boldsymbol{x}, \cdots, (\boldsymbol{A}-\lambda\boldsymbol{I})\boldsymbol{x}, \boldsymbol{x})$$

$$
\begin{aligned}
\boldsymbol{AP} &= (\boldsymbol{A}(\boldsymbol{A}-\lambda\boldsymbol{I})^{n-1}\boldsymbol{x},\cdots,\boldsymbol{A}(\boldsymbol{A}-\lambda\boldsymbol{I})\boldsymbol{x},\boldsymbol{Ax}) \\
&= ((\boldsymbol{A}-\lambda\boldsymbol{I}+\lambda\boldsymbol{I})(\boldsymbol{A}-\lambda\boldsymbol{I})^{n-1}\boldsymbol{x},\cdots,(\boldsymbol{A}-\lambda\boldsymbol{I}+\lambda\boldsymbol{I})(\boldsymbol{A}-\lambda\boldsymbol{I})\boldsymbol{x},(\boldsymbol{A}-\lambda\boldsymbol{I}+\lambda\boldsymbol{I})\boldsymbol{x}) \\
&= ((\boldsymbol{A}-\lambda\boldsymbol{I})^{n}\boldsymbol{x}+\lambda(\boldsymbol{A}-\lambda\boldsymbol{I})^{n-1}\boldsymbol{x},\cdots,(\boldsymbol{A}-\lambda\boldsymbol{I})^{2}\boldsymbol{x}+\lambda(\boldsymbol{A}-\lambda\boldsymbol{I})\boldsymbol{x},(\boldsymbol{A}-\lambda\boldsymbol{I})\boldsymbol{x}+\lambda\boldsymbol{x}) \\
&= ((\boldsymbol{A}-\lambda\boldsymbol{I})^{n}\boldsymbol{x},\cdots,(\boldsymbol{A}-\lambda\boldsymbol{I})\boldsymbol{x},\boldsymbol{x})\begin{pmatrix} \lambda & 1 & & \\ & \ddots & \ddots & \\ & & \lambda & 1 \\ & & & \lambda \end{pmatrix} \\
&= \boldsymbol{PJ}
\end{aligned}
$$

因此 $\boldsymbol{A}=\boldsymbol{PJP}^{-1}$。

注意：以上定理找到的这组基是 Jordan 基。

【引理 2.43】 如果 $\boldsymbol{A}\in M_n(\mathbf{C})$ 只有一个特征值 λ，令 $q=\mathrm{geom}(\lambda)$，则存在 $\boldsymbol{x}_1,\cdots,\boldsymbol{x}_q\in V_\lambda$ 使得 $\{\boldsymbol{x}_1,(\boldsymbol{A}-\lambda\boldsymbol{I})\boldsymbol{x}_1,\cdots,(\boldsymbol{A}-\lambda\boldsymbol{I})^{k_1-1}\boldsymbol{x}_1,\cdots,\boldsymbol{x}_q,(\boldsymbol{A}-\lambda\boldsymbol{I})\boldsymbol{x}_q,\cdots,(\boldsymbol{A}-\lambda\boldsymbol{I})^{k_q-1}\boldsymbol{x}_q\}$ 是 V_λ 的一组 Jordan 基。

证明略。

【定理 2.44】 如果 $\boldsymbol{A}\in M_n(\mathbf{C})$ 只有一个特征值 λ，令 $q=\mathrm{geom}(\lambda)$，则 $\boldsymbol{A}\sim\boldsymbol{J}$，这里

$$
\boldsymbol{J}=\begin{pmatrix} \boldsymbol{J}_1 & & & \\ & \boldsymbol{J}_2 & & \\ & & \ddots & \\ & & & \boldsymbol{J}_q \end{pmatrix}
$$

其中，$\boldsymbol{J}_i=\begin{pmatrix} \lambda & 1 & 0 & \cdots & 0 \\ 0 & \lambda & 1 & & \vdots \\ \vdots & & \ddots & \ddots & 0 \\ 0 & & & \lambda & 1 \\ 0 & 0 & \cdots & 0 & \lambda \end{pmatrix}$ 是 $k_i\times k_i$ 矩阵.

证明略。

【定理 2.45】 如果 $\boldsymbol{A}\in M_n(\mathbf{C})$ 有特征值 $\{\lambda_1,\cdots,\lambda_k\}$，令 $q_i=\mathrm{geom}(\lambda_i)$，则 $\boldsymbol{A}\sim\boldsymbol{J}$，这里

$$J=\begin{pmatrix} J_1(\lambda_1) & & & \\ & J_2(\lambda_2) & & \\ & & \ddots & \\ & & & J_k(\lambda_k) \end{pmatrix}$$

其中

$$J_i(\lambda_i)=\begin{pmatrix} J_{i1}(\lambda_i) & & & \\ & J_{i2}(\lambda_i) & & \\ & & \ddots & \\ & & & J_{iq_i}(\lambda_i) \end{pmatrix}$$

$$q_i=\text{geom}(\lambda_i)$$

$$J_{il}=\begin{pmatrix} \lambda & 1 & & \\ & \ddots & \ddots & \\ & & \lambda & 1 \\ & & & \lambda \end{pmatrix}$$

大小是$l_i\times l_i$，$\sum_i l_i=a\lg m(\lambda_i)$。

2.5.2 Jordan 标准型与矩阵收敛

在线性代数中，与对角矩阵相关的极限相对好求，但不是任何一个 n 阶矩阵都与对角矩阵相似，而不与对角矩阵相似的矩阵却能与具有“标准”形式的 Jordan 标准型相似，因此，用 Jordan 标准型来研究矩阵的极限比较方便。

【定理 2.46】设 $A\in\mathbf{C}^{n\times n}$，$\forall\varepsilon>0$，则存在某一矩阵范数$\|\cdot\|_m$，使得$\|A\|_m\leqslant\rho(A)+\varepsilon$。

证明：由前面可知，每个 n 阶矩阵都与一个 Jordan 标准型相似，故$\forall A\in\mathbf{C}^{n\times n}$，都存在可逆阵$P\in\mathbf{C}^{n\times n}$，使

$$P^{-1}AP=J=\begin{pmatrix} \lambda_1 & k_1 & & & \\ & \lambda_2 & k_2 & & \\ & & \ddots & \ddots & \\ & & & \lambda_{n-1} & k_{n-1} \\ & & & & \lambda_n \end{pmatrix}$$

其中，$k_i=0$或 1；$i=1,2,\cdots,n-1$。

取

$$D=\operatorname{diag}(1,\varepsilon,\varepsilon^2,\cdots,\varepsilon^{n-1})$$

则

$$D^{-1}=\operatorname{diag}\left(1,\frac{1}{\varepsilon},\frac{1}{\varepsilon^2},\cdots,\frac{1}{\varepsilon^{n-1}}\right)$$

于是

$$\boldsymbol{D}^{-1}(\boldsymbol{P}^{-1}\boldsymbol{A}\boldsymbol{P})\boldsymbol{D}=\boldsymbol{D}^{-1}\boldsymbol{J}\boldsymbol{D}=\begin{pmatrix}\lambda_1 & \varepsilon k_1 & & & \\ & \lambda_2 & \varepsilon k_2 & & \\ & & \ddots & \ddots & \\ & & & \lambda_{n-1} & \varepsilon k_n \\ & & & & \lambda_n\end{pmatrix}$$

考虑矩阵的l_∞范数有

$$\begin{aligned}\|\boldsymbol{D}^{-1}\boldsymbol{J}\boldsymbol{D}\|_\infty&=\max_j\{|\lambda_j|+\varepsilon k_j\}\\&\leqslant\max_j\{|\lambda_j|+\varepsilon\}\\&=\rho(\boldsymbol{A})+\varepsilon\end{aligned}$$

对$\forall\boldsymbol{A}\in\mathbf{C}^{n\times n}$，定义

$$\|\boldsymbol{A}\|_m=\|\boldsymbol{D}^{-1}\boldsymbol{P}^{-1}\boldsymbol{A}\boldsymbol{P}\boldsymbol{D}\|_\infty=\|\boldsymbol{D}^{-1}\boldsymbol{J}\boldsymbol{D}\|_\infty$$

可以验证$\|\boldsymbol{A}\|_m$是$\mathbf{C}^{n\times n}$上的一种矩阵范数，且

$$\|\boldsymbol{A}\|_m\leqslant\rho(\boldsymbol{A})+\varepsilon$$

【定理 2.47】如果$\boldsymbol{A}\in M_n(\mathbf{C})$，且谱半径$\rho(\boldsymbol{A})<1$，则$\lim\limits_{k\to\infty}\boldsymbol{A}^k=\boldsymbol{0}$。

证明：由于$\boldsymbol{A}$与一个 Jordan 标准型$\boldsymbol{J}$相似，因此只需要证明

$$\lim_{k\to\infty}\boldsymbol{J}^k=\boldsymbol{0}$$

而$\boldsymbol{J}=\oplus\boldsymbol{J}_i(\lambda_i)$，每个$\boldsymbol{J}_i(\lambda_i)$是$\lambda_i-$Jordan 块，因此只要证明

$$\lim_{k\to\infty}\boldsymbol{J}_i^k = \boldsymbol{0}$$

由于

$$\boldsymbol{J}_i(\lambda_i)^k = (\lambda_i\boldsymbol{I} + \boldsymbol{J}_i(0))^k = \sum_{j=0}^{k} C(k,j)\lambda_i^{k-j}\boldsymbol{J}_i(0)^j$$

其中，$\boldsymbol{J}_i(0)$ 是幂零阵，且当 j 大于等于 $\boldsymbol{J}_i(0)$ 的阶数 m 时 $\boldsymbol{J}_i(0)^j = 0$ 。因此只需要证明 $k\to\infty$ 时

$$C(k,j)\lambda_i^{k-j}\boldsymbol{J}_i(0)^j \to 0, \quad j < m$$

由于谱半径小于 1，显然成立。

如果一个矩阵的谱半径没有限制条件，那么依然可以利用幂零阵的性质，求一个矩阵的乘方。首先考虑 Jordan 块的乘方。

令 $\boldsymbol{J}$ 为一个 m 阶的 $\lambda-$Jordan 块。设 $k \leqslant m$ ，则 $\boldsymbol{J}^k$ 可以化简为

$$\begin{aligned}
\boldsymbol{J}^k &= (\lambda\boldsymbol{I} + \boldsymbol{J}(0))^k \\
&= \sum_{i=1}^{m-1} C(k,j)\lambda^{k-i}\boldsymbol{J}(0)^i \\
&= \sum_{i=1}^{m-1} \frac{k(k-1)\cdots(k-i+1)}{i!}\lambda^{k-i}\boldsymbol{J}(0)^i \\
&= \sum_{i=1}^{m-1} \frac{1}{i!}(\lambda^k)^{(i)}\boldsymbol{J}(0)^i \\
&= \begin{pmatrix}
\lambda^k & (\lambda^k)' & \frac{1}{2!}(\lambda^k)^{(2)} & \cdots & \frac{1}{(m-1)!}(\lambda^k)^{(m-1)} \\
 & \lambda^k & (\lambda^k)' & \cdots & \frac{1}{(m-2)!}(\lambda^k)^{(m-2)} \\
 & & \lambda^k & \cdots & \frac{1}{(m-3)!}(\lambda^k)^{(m-3)} \\
 & & & \ddots & \vdots \\
 & & & & \lambda^k
\end{pmatrix}
\end{aligned}$$

这里 $(\lambda^k)^{(i)}$ 表示对 λ^k 求 i 阶导数。

根据 Taylor 展开，同理可以定义任意矩阵函数 $f(\boldsymbol{J})$ 如下：

$$f(\boldsymbol{J})=\sum_{i=1}^{m-1}\frac{1}{i!}f^{(i)}(\lambda)\boldsymbol{J}(0)^i$$

$$=\begin{pmatrix} f(\lambda) & f'(\lambda) & \frac{1}{2!}f^{(2)}(\lambda) & \cdots & \frac{1}{(m-1)!}f^{(m-1)}(\lambda) \\ & f(\lambda) & f'(\lambda) & \cdots & \frac{1}{(m-2)!}f^{(m-2)}(\lambda) \\ & & f(\lambda) & \cdots & \frac{1}{(m-3)!}f^{(m-3)}(\lambda) \\ & & & \ddots & \vdots \\ & & & & f(\lambda) \end{pmatrix}$$

Jordan 标准型和矩阵函数在常微分方程的解中有重要应用。为了得到方程的解，有如下定理。

【定理 2.48】 设 $\boldsymbol{A}\in\mathbf{C}^{n\times n}$， $\boldsymbol{A}=\boldsymbol{PJP}^{-1}$ 为 $\boldsymbol{A}$ 的 Jordan 标准型分解，则 $\mathrm{e}^{\boldsymbol{A}x}=\boldsymbol{P}\mathrm{e}^{\boldsymbol{J}x}\boldsymbol{P}^{-1}$。

【定理 2.49】 设酉矩阵 $\boldsymbol{A}$ 为

$$\boldsymbol{A}=\begin{pmatrix} 0 & 1 & 0 & \cdots & 0 \\ 0 & 0 & 1 & \cdots & 0 \\ \vdots & \vdots & \vdots & & \vdots \\ 0 & 0 & 0 & \cdots & 1 \\ -a_n & -a_{n-1} & -a_{n-2} & \cdots & -a_1 \end{pmatrix}$$

则有以下结论。

（1）当 $\boldsymbol{A}$ 有 n 个不同的特征值 $\lambda_1,\lambda_2,\cdots,\lambda_n$ 时，Jordan 标准型 $\boldsymbol{J}$ 及相似变换矩阵 $\boldsymbol{P}$ 分别为

$$\boldsymbol{J}=\begin{pmatrix} \lambda_1 & & & \\ & \lambda_2 & & \\ & & \ddots & \\ & & & \lambda_n \end{pmatrix},\quad \boldsymbol{P}=\begin{pmatrix} 1 & 1 & \cdots & 1 \\ \lambda_1 & \lambda_2 & \cdots & \lambda_n \\ \lambda_1^2 & \lambda_2^2 & \cdots & \lambda_n^2 \\ \vdots & \vdots & & \vdots \\ \lambda_1^{n-1} & \lambda_2^{n-1} & \cdots & \lambda_n^{n-1} \end{pmatrix}$$

（2）$\boldsymbol{A}$ 的最小多项式 $m(\lambda)$ 等于 $\boldsymbol{A}$ 的特征多项式，且

$$m(\lambda)=\det(\lambda\boldsymbol{I}-\boldsymbol{A})=\lambda^n+a_1\lambda^{n-1}+a_2\lambda^{n-2}+\cdots+a_{n-1}\lambda+a_n$$

【定理 2.50】n 阶常系数非齐次线性常微分方程组的初值问题

$$\begin{cases} \boldsymbol{y}^{(n)} + a_1 \boldsymbol{y}^{(n-1)} + \cdots + a_{n-1}\boldsymbol{y}' + a_n \boldsymbol{y} = f(\boldsymbol{x}) \\ \boldsymbol{y}(\boldsymbol{x}_0) = \boldsymbol{y}_0,\ \boldsymbol{y}'(\boldsymbol{x}_0) = \boldsymbol{y}_0',\ \boldsymbol{y}^{(n-1)}(\boldsymbol{x}_0) = \boldsymbol{y}_0^{(n-1)} \end{cases} \tag{2.2}$$

的解 $\boldsymbol{y}_{\mathrm{p}}$ 是 n 阶常系数非齐次线性常微分方程组的初值问题

$$\begin{cases} \dfrac{\mathrm{d}\boldsymbol{X}}{\mathrm{d}\boldsymbol{x}} = \boldsymbol{AX} + (0,0,\cdots,f(\boldsymbol{x}))^{\mathrm{T}} \\ \boldsymbol{X}(\boldsymbol{x}_0) = \boldsymbol{X}_0 \end{cases} \tag{2.3}$$

的解 $\boldsymbol{X} = \boldsymbol{X}(\boldsymbol{x})$ 的第一个分量，即

$$\begin{aligned} \boldsymbol{y}_{\mathrm{p}} &= (1,0,\cdots,0)\boldsymbol{X}(\boldsymbol{x}) \\ &= (1,0,\cdots,0)\left\{ \boldsymbol{e}^{\boldsymbol{A}(\boldsymbol{x}-\boldsymbol{x}_0)}\boldsymbol{X}_0 + \int_{\boldsymbol{x}_0}^{\boldsymbol{x}} \boldsymbol{e}^{\boldsymbol{A}(\boldsymbol{x}-\boldsymbol{s})}(0,0,\cdots,f(\boldsymbol{s}))^{\mathrm{T}}\mathrm{d}\boldsymbol{s} \right\} \end{aligned} \tag{2.4}$$

其中，$a_1,a_2,\cdots,a_n$ 是任意常数；$f(\boldsymbol{x})$ 为连续函数；$\boldsymbol{A}$ 是多项式 $\phi(\boldsymbol{x}) = \lambda^n + a_1\lambda^{n-1} + a_2\lambda^{n-2} + \cdots + a_{n-1}\lambda + a_n$ 的酉矩阵。

$$\boldsymbol{X} = (\boldsymbol{x}_1(\boldsymbol{x}), \boldsymbol{x}_2(\boldsymbol{x}), \cdots, \boldsymbol{x}_n(\boldsymbol{x}))^{\mathrm{T}}$$

$$\boldsymbol{X}(\boldsymbol{x}_0) = (\boldsymbol{x}_1(\boldsymbol{x}_0), \boldsymbol{x}_2(\boldsymbol{x}_0), \cdots, \boldsymbol{x}_n(\boldsymbol{x}_0))^{\mathrm{T}} = (\boldsymbol{y}_0, \boldsymbol{y}_0{}', \cdots, \boldsymbol{y}_0^{(n-1)})^{\mathrm{T}} = \boldsymbol{X}_0$$

式（2.4）称为高阶常系数非齐次线性微分方程的常数变易公式。

【例 2.2】求

$$\boldsymbol{y}''' + 2\boldsymbol{y}'' - \boldsymbol{y}' - 2\boldsymbol{y} = (-2 - \boldsymbol{e}^{2x})\cos \boldsymbol{e}^x - 2\boldsymbol{e}^x \sin \boldsymbol{e}^x \tag{2.5}$$

的通解。

解：因为方程（2.5）的特征方程是

$$\phi(\lambda) = \lambda^3 + 2\lambda^2 - \lambda - 2 = (\lambda+2)(\lambda+1)(\lambda-1)$$

所以方程（2.5）的余函数是

$$\boldsymbol{y}_{\mathrm{c}} = c_1\boldsymbol{e}^{-2x} + c_2\boldsymbol{e}^{-x} + c_3\boldsymbol{e}^{x}$$

下面来求方程（2.5）的一个特解 $\boldsymbol{y}_{\mathrm{p}}$，为此考虑初值问题

$$\begin{cases} \boldsymbol{y}''' + 2\boldsymbol{y}'' - \boldsymbol{y}' - 2\boldsymbol{y} = (-2 - \boldsymbol{e}^{2x})\cos \boldsymbol{e}^{x} - 2\boldsymbol{e}^{x}\sin \boldsymbol{e}^{x} \\ \boldsymbol{y}_0 = \sin 1,\ \boldsymbol{y}' = \cos 1 - \sin 1,\ \boldsymbol{y}_0'' = -\cos 1 \end{cases} \tag{2.6}$$

令 $\boldsymbol{x}_1 = \boldsymbol{y},\ \boldsymbol{x}_2 = \boldsymbol{y}',\ \boldsymbol{x}_3 = \boldsymbol{y}''$，初值问题（2.6）可以化为与之等价的初值问题

$$\begin{cases} \boldsymbol{x}_1' = \boldsymbol{x}_2 \\ \boldsymbol{x}_2' = \boldsymbol{x}_3 \\ \boldsymbol{x}_3' = 2\boldsymbol{x}_1 + \boldsymbol{x}_2 - 2\boldsymbol{x}_3 + (-2 - \boldsymbol{e}^{-2x})\cos \boldsymbol{e}^{x} - 2\boldsymbol{e}^{x}\sin \boldsymbol{e}^{x} \\ \boldsymbol{X}(0) = \boldsymbol{X}_0 = (\sin 1, \cos 1 - \sin 1, -\cos 1)^{\mathrm{T}} \end{cases} \tag{2.7}$$

考虑方程组（2.5）的相应的齐次线性方程组

$$\begin{cases} \boldsymbol{x}_1' = \boldsymbol{x}_2 \\ \boldsymbol{x}_2' = \boldsymbol{x}_3 \\ \boldsymbol{x}_3' = 2\boldsymbol{x}_1 + \boldsymbol{x}_2 - 2\boldsymbol{x}_3 \end{cases} \tag{2.8}$$

方程组（2.8）的系数矩阵是

$$\boldsymbol{A} = \begin{pmatrix} 0 & 1 & 0 \\ 0 & 0 & 1 \\ 2 & 1 & -2 \end{pmatrix}$$

现在要计算方程组（2.8）的基解矩阵 $\boldsymbol{e}^{\boldsymbol{A}x}$，因为 $\boldsymbol{A}$ 是多项式 $F(\lambda) = \lambda^3 + 2\lambda^2 - \lambda - 2$ 的酉矩阵，$\boldsymbol{A}$ 有三个不同的特征值 $\lambda_1 = -2, \lambda_2 = -1, \lambda_3 = 1$，由定理 2.48 知，$\boldsymbol{A}$ 的 Jordan 标准型 $\boldsymbol{J}$ 与相似变换矩阵 $\boldsymbol{P}$ 分别为

$$\boldsymbol{J} = \begin{pmatrix} -2 & & \\ & -1 & \\ & & 1 \end{pmatrix}, \quad \boldsymbol{P} = \begin{pmatrix} 1 & 1 & 1 \\ -2 & -1 & 1 \\ 4 & 1 & 1 \end{pmatrix}$$

从而

$$P^{-1}=\begin{pmatrix}-\frac{1}{3} & 0 & \frac{1}{3}\\ 1 & -\frac{1}{2} & -\frac{1}{2}\\ \frac{1}{3} & \frac{1}{2} & \frac{1}{6}\end{pmatrix}$$

由定理 2.47 得到方程组（2.8）的基解矩阵为

$$\begin{aligned}\boldsymbol{e}^{Ax} &= \boldsymbol{P}\boldsymbol{e}^{Jx}\boldsymbol{P}^{-1}\\ &=\begin{pmatrix}1 & 1 & 1\\ -2 & -1 & 1\\ 4 & 1 & 1\end{pmatrix}\begin{pmatrix}\boldsymbol{e}^{-2x} & & \\ & \boldsymbol{e}^{-x} & \\ & & \boldsymbol{e}^{x}\end{pmatrix}\begin{pmatrix}-\frac{1}{3} & 0 & \frac{1}{3}\\ 1 & -\frac{1}{2} & -\frac{1}{2}\\ \frac{1}{3} & \frac{1}{2} & \frac{1}{6}\end{pmatrix}\\ &=\begin{pmatrix}-\frac{1}{3}\boldsymbol{e}^{-2x}+\boldsymbol{e}^{-x}+\frac{1}{3}\boldsymbol{e}^{x} & -\frac{1}{2}\boldsymbol{e}^{-x}+\frac{1}{2}\boldsymbol{e}^{x} & -\frac{1}{3}\boldsymbol{e}^{-2x}-\frac{1}{2}\boldsymbol{e}^{-x}+\frac{1}{6}\boldsymbol{e}^{x}\\ \frac{2}{3}\boldsymbol{e}^{-2x}-\boldsymbol{e}^{-x}+\frac{1}{3}\boldsymbol{e}^{x} & \frac{1}{2}\boldsymbol{e}^{-x}+\frac{1}{2}\boldsymbol{e}^{x} & -\frac{2}{3}\boldsymbol{e}^{-2x}+\frac{1}{2}\boldsymbol{e}^{-x}+\frac{1}{6}\boldsymbol{e}^{x}\\ -\frac{4}{3}\boldsymbol{e}^{-2x}+\boldsymbol{e}^{-x}+\frac{1}{3}\boldsymbol{e}^{x} & -\frac{1}{2}\boldsymbol{e}^{-x}+\frac{1}{2}\boldsymbol{e}^{x} & -\frac{4}{3}\boldsymbol{e}^{-2x}-\frac{1}{2}\boldsymbol{e}^{-x}+\frac{1}{6}\boldsymbol{e}^{x}\end{pmatrix}\end{aligned}$$

由常数变易式（2.4），初值问题（2.5）的解 $\boldsymbol{y}_{\mathrm{p}}$ 是

$$\begin{aligned}\boldsymbol{y}_{\mathrm{p}} &= (1,0,0)\boldsymbol{X}(\boldsymbol{x})\\ &= (1,0,0)\boldsymbol{e}^{Ax}\boldsymbol{X}_0+\int_0^x (1,0,0)\boldsymbol{e}^{A(x-s)}(0,0,(-2-\boldsymbol{e}^{2s})\cos\boldsymbol{e}^{s}-2\boldsymbol{e}^{s}\sin\boldsymbol{e}^{s})^{\mathrm{T}}\mathrm{d}s\\ &= \boldsymbol{e}^{-x}\sin\boldsymbol{e}^{x}\end{aligned}$$

所以方程（2.5）的通解为

$$\boldsymbol{y}=\boldsymbol{y}_{\mathrm{c}}+\boldsymbol{y}_{\mathrm{p}}=c_1\boldsymbol{e}^{-2x}+c_2\boldsymbol{e}^{-x}+c_3\boldsymbol{e}^{x}+\boldsymbol{e}^{-x}\sin\boldsymbol{e}^{x}$$

第 3 章　Hermite 矩阵和线性回归

从数学上讲，Hermite 矩阵是实对称矩阵的推广，对 Hermite 矩阵的二次型、矩阵的奇异值进行分解，进而对其特征值进行估计。在工程方面应用 Hermite 矩阵是为了描述方便。比如通信里面，一个 n 维信号的互相关特性，正好是共轭对称的，那么用 Hermite 矩阵来描述就再好不过了。

矩阵代数最大的优越性在于，它为处理任意多个变量的回归模型提供了一种简洁的方法。当该线性回归矩阵满足 Hermite 矩阵时，即可利用 Hermite 矩阵的相关性质来研究。

3.1　Hermite 矩阵和正定矩阵

Hermite 矩阵指的是自共轭矩阵，其特点是矩阵中的每一个第 i 行第 j 列的元素都与第 j 行第 i 列的元素的共轭相等。

令 $\boldsymbol{A}$ 为 $n\times n$ 矩阵，而复空间 $\mathbf{C}^n$ 上定义了以下点积：

$$\langle \boldsymbol{x},\boldsymbol{y}\rangle=\sum_{j=1}^{n}x_j\overline{y}_j$$

定义 $\boldsymbol{A}^*=\overline{\boldsymbol{A}}^{\mathrm{T}}$，如果 $(b_{ij})=\boldsymbol{B}=\boldsymbol{A}^*=(a_{ij})^*$，则 $b_{ij}=\overline{a}_{ji}$。

【定义 3.1】 令 $\boldsymbol{A}$ 为 $n\times n$ 矩阵，如果 $\boldsymbol{A}=\boldsymbol{A}^*$，则 $\boldsymbol{A}$ 称为 Hermite 矩阵；如果 $\boldsymbol{A}=\boldsymbol{A}^{\mathrm{T}}$，则 $\boldsymbol{A}$ 称为对称矩阵。

例如

$$\begin{pmatrix} 1 & i \\ i & 1 \end{pmatrix}$$

是对称矩阵但不是 Hermite 矩阵。

$$\begin{pmatrix} 1 & i \\ -i & 1 \end{pmatrix}$$

是 Hermite 矩阵但不是对称矩阵。

【定理 3.2】如果 $\boldsymbol{A}$ 是 Hermite 矩阵，则其特征值是实数。

证明：假设 $\boldsymbol{Au}=\lambda\boldsymbol{u}$，则

$$\lambda\langle\boldsymbol{u},\boldsymbol{u}\rangle=\langle\lambda\boldsymbol{u},\boldsymbol{u}\rangle=\langle\boldsymbol{Au},\boldsymbol{u}\rangle=\langle\boldsymbol{u},\boldsymbol{Au}\rangle=\langle\boldsymbol{u},\lambda\boldsymbol{u}\rangle=\overline{\lambda}\langle\boldsymbol{u},\boldsymbol{u}\rangle$$

所以 $\lambda=\overline{\lambda}$，$\lambda$ 是实数。

【定理 3.3】如果 $\boldsymbol{A}$ 是 Hermite 矩阵，则其对应于不同特征值的特征向量是正交的。

证明：假设 $\boldsymbol{Au}=\lambda\boldsymbol{u}$，$\boldsymbol{Av}=\mu\boldsymbol{v}$ 且 $\lambda\neq\mu$，则

$$\lambda\langle\boldsymbol{u},\boldsymbol{v}\rangle=\langle\boldsymbol{Au},\boldsymbol{v}\rangle=\langle\boldsymbol{u},\boldsymbol{Av}\rangle=\langle\boldsymbol{u},\mu\boldsymbol{v}\rangle=\mu\langle\boldsymbol{u},\boldsymbol{v}\rangle$$

因为 $\lambda\neq\mu$，所以 $\langle\boldsymbol{u},\boldsymbol{v}\rangle=0$。

由于 $n\times n$ 矩阵 $\boldsymbol{A}$ 可以对角化的充分必要条件是 $\boldsymbol{A}$ 有 n 个线性无关的特征向量，因此可证明一个 Hermite 矩阵总是可以对角化，因为无论 $\boldsymbol{A}$ 的特征值是否相等，总是存在 n 个正交的特征向量，是 $\mathbf{C}^n$ 的一组基。

【定理 3.4】如果 $\boldsymbol{A}$ 是 n 阶的 Hermite 矩阵，则 $\boldsymbol{A}$ 有 n 个标准正交的特征向量。并且

$$\boldsymbol{A}=\boldsymbol{U}\boldsymbol{\Lambda}\boldsymbol{U}^*$$

其中，$\boldsymbol{U}$ 是酉矩阵；$\boldsymbol{\Lambda}$ 是一个对角矩阵，对角线的元素都是 $\boldsymbol{A}$ 的特征值。

证明：假设 $\boldsymbol{A}$ 的特征值是 $\lambda_1,\lambda_2,\cdots,\lambda_n$。令 $\boldsymbol{x}_1\in\mathbf{C}^n$ 是 $\boldsymbol{A}$ 关于 λ_1 的一个单位特征向量，于是有 $\boldsymbol{Ax}_1=\lambda_1\boldsymbol{x}_1$。

令 $\boldsymbol{u}_2,\boldsymbol{u}_3,\cdots,\boldsymbol{u}_n\in\mathbf{C}^n$ 是彼此正交的单位向量，并与 $\boldsymbol{x}_1$ 正交，则 $\{\boldsymbol{x}_1,\boldsymbol{u}_2,\boldsymbol{u}_3,\cdots,\boldsymbol{u}_n\}$ 是 $\mathbf{C}^n$ 的一组基。

令 $V_{n-1}=\mathrm{span}(\boldsymbol{u}_2,\boldsymbol{u}_3,\cdots,\boldsymbol{u}_n)$，则可以证明 V_{n-1} 是一个不变子空间，即 $\boldsymbol{AU}_2\subseteq V_{n-1}$。

要证明以上结论，首先假设

$$\boldsymbol{u}=\sum_{j=2}^{n}c_j\boldsymbol{u}_j\in V_{n-1},\quad c_j\in\mathbf{C}$$

则 $\boldsymbol{Au}=\boldsymbol{v}+a\boldsymbol{x}_1$，这里 $\boldsymbol{v}\in V_{n-1}$，$a\in\mathbf{C}$。于是

$$\langle\boldsymbol{Au},\boldsymbol{x}_1\rangle=\langle\boldsymbol{u},\boldsymbol{Ax}_1\rangle=\lambda_1\langle\boldsymbol{u},\boldsymbol{x}_1\rangle=0$$

另由

$$\langle\boldsymbol{Au},\boldsymbol{x}_1\rangle=\langle\boldsymbol{v}+a\boldsymbol{x}_1,\boldsymbol{x}_1\rangle=\langle\boldsymbol{v},\boldsymbol{x}_1\rangle+a\langle\boldsymbol{x}_1,\boldsymbol{x}_1\rangle=a\langle\boldsymbol{x}_1,\boldsymbol{x}_1\rangle=0$$

可反推出 $a=0$。因此 $\boldsymbol{Au}\in V_{n-1}$。

令 $\boldsymbol{P}_1=(\boldsymbol{x}_1,\boldsymbol{u}_2,\cdots,\boldsymbol{u}_n)$，则

$$\boldsymbol{P}_1^*\boldsymbol{AP}_1=\begin{pmatrix}\lambda & 0\\ 0 & \boldsymbol{A}_1\end{pmatrix}$$

这里 $\boldsymbol{A}_1$ 的特征值是 $\lambda_2,\lambda_3,\cdots,\lambda_n$。

对矩阵 $\boldsymbol{A}_1$ 可以重复以上步骤，得到 $\boldsymbol{P}_2'=(\boldsymbol{x}_2,\boldsymbol{v}_3,\cdots,\boldsymbol{v}_n)\in M_{n-1}$，并且

$$\boldsymbol{P}_2=\begin{pmatrix}1 & 0\\ 0 & \boldsymbol{P}_2'\end{pmatrix}$$

则有

$$\boldsymbol{P}_2^*\boldsymbol{P}_1^*\boldsymbol{AP}_1\boldsymbol{P}_2=\begin{pmatrix}\lambda_1 & 0 & 0\\ 0 & \lambda_2 & 0\\ 0 & 0 & \lambda_3\end{pmatrix}$$

注意，无论是 $\boldsymbol{P}_1$ 还是 $\boldsymbol{P}_2$ 都是酉矩阵。一直重复以上步骤，最后可以得到

$$\boldsymbol{V}=\boldsymbol{P}_1\boldsymbol{P}_2\cdots\boldsymbol{P}_{n-1},\quad \boldsymbol{V}^*\boldsymbol{AV}=\boldsymbol{\varLambda}$$

由于酉矩阵相乘也是酉矩阵，所以 $\boldsymbol{V}$ 是酉矩阵，而根据以上等式，可以推出其列向量都是 $\boldsymbol{A}$ 的特征向量。令 $\boldsymbol{U}=\boldsymbol{V}^*$，证明完毕。

关于 Hermite 矩阵的可对角化定理，说明对 Hermite 矩阵的每个特征值，都可以找到一个特征向量与其他所有特征向量正交。这意味着如果特征值μ是 Hermite 矩阵 $\boldsymbol{A}$ 的一个特征值，代数重数是 k，则 $\dim[\mathrm{Null}(\boldsymbol{A}-\mu\boldsymbol{I})]=k$ 。因为根据对角化定理的证明过程

$$(\boldsymbol{A}-\mu\boldsymbol{I})\boldsymbol{x}=\boldsymbol{0}$$

存在 k 个彼此正交的特征向量。

【定理 3.5】令 $\boldsymbol{A}$ 是 $n\times n$ 的 Hermite 矩阵，对任意的 $\boldsymbol{x}\neq\boldsymbol{0}\in\mathbf{C}^n$，$\langle\boldsymbol{Ax},\boldsymbol{x}\rangle>0$ 当且仅当 $\boldsymbol{A}$ 的特征值都是正的。

证明：假设$\langle\boldsymbol{Ax},\boldsymbol{x}\rangle>0$，$\lambda$ 是 $\boldsymbol{A}$ 的一个非正特征值，相应的特征向量是 $\boldsymbol{u}$，则

$$\langle\boldsymbol{Au},\boldsymbol{u}\rangle=\lambda\langle\boldsymbol{u},\boldsymbol{u}\rangle\leqslant 0$$

与假设矛盾。因此特征值都是正的。反过来，如果 $\boldsymbol{A}$ 的特征值都是正的，则对任意 $\boldsymbol{x}$，存在一组标准正交基$\{\boldsymbol{u}_1,\boldsymbol{u}_2,\cdots,\boldsymbol{u}_n\}$，使得

$$\boldsymbol{x}=\alpha_1\boldsymbol{u}_1+\alpha_2\boldsymbol{u}_2+\cdots+\alpha_n\boldsymbol{u}_n$$

代入内积

$$\begin{aligned}\langle\boldsymbol{Ax},\boldsymbol{x}\rangle&=\sum_{i=1}^{n}|\alpha_i|^2\langle\boldsymbol{Au}_i,\boldsymbol{u}_i\rangle\\&=\sum_{i=1}^{n}|\alpha_i|^2\lambda_i\langle\boldsymbol{u}_i,\boldsymbol{u}_i\rangle\\&=\sum_{i=1}^{n}|\alpha_i|^2\lambda_i>0\end{aligned}$$

得证。

【定理 3.6】令 $\boldsymbol{A}\in M_n(\mathrm{C})$，则 $\boldsymbol{A}$ 是 Hermite 矩阵当且仅当$\langle\boldsymbol{Ax},\boldsymbol{x}\rangle$是实数，对任意 $\boldsymbol{x}\in\mathbf{C}^n$ 成立。

证明：如果 $\boldsymbol{A}$ 是 Hermite 矩阵，则

$$\langle\boldsymbol{Ax},\boldsymbol{x}\rangle=\boldsymbol{x}^*\boldsymbol{Ax}=\boldsymbol{x}^*\boldsymbol{U}^*\boldsymbol{\Lambda}\boldsymbol{Ux}=\boldsymbol{y}^*\boldsymbol{\Lambda}\boldsymbol{y}=\sum_i\lambda_i|\boldsymbol{y}_i|^2$$

是实数。反过来

$$A=\frac{1}{2}(A+A^*)+\frac{1}{2}(A-A^*)$$

令 $H=\frac{1}{2}(A+A^*)$，$\mathrm{i}K=\frac{1}{2}(A-A^*)$，则 H，K 都是 Hermite 矩阵。

$$x^*Ax=x^*(H+\mathrm{i}K)x=x^*Hx+\mathrm{i}x^*Kx$$

根据必要性的证明，x^*Hx 和 x^*Kx 都是实数。由于 x^*Ax 是实数，因此 $x^*Kx=0$。所以 $A=H$ 是 Hermite 矩阵。

3.2 正定矩阵

【定义 3.7】 令 $A\in M_n(\mathbf{C})$，如果 $\langle Ax,x\rangle>0$ 对任意非零 $x\in\mathbf{C}^n$ 成立，称 A 是一个正定矩阵。类似地，如果 $\langle Ax,x\rangle\geqslant 0$ 对任意非零 $x\in\mathbf{C}^n$ 成立，那么称 A 是一个半正定矩阵。

注意：由于 $\langle Ax,x\rangle>0$ 意味着 $\langle Ax,x\rangle$ 是实数，所以如果 A 是正定矩阵，则一定是 Hermite 矩阵。

下面概括一下正定矩阵的一些性质。

【定理 3.8】 令 $A,B\in M_n(\mathbf{C})$，则：

①如果 A 是 Hermite 矩阵，则 A 是正定矩阵当且仅当 A 的所有特征值都是正的。

②如果 A 是正定矩阵，则 A 是可逆矩阵。

③如果 B 是可逆矩阵，则 B^*B 是正定矩阵。

④如果 A 是正定矩阵，则 A^k 也是正定矩阵。

⑤如果 A 和 B 都是正定矩阵，则 $A+B$ 也是正定矩阵。

⑥如果 A 是正定矩阵，则存在可逆矩阵 B 使得 $A=B^*B$。

⑦如果 $B^*B=0$，则 $B=0$。

以上每一条性质都可以用 Hermite 矩阵的性质进行简单的证明，证明略。

本节最后，陈述一条应用非常广泛的定理，在下一章再详细展开。

【定理 3.9】（奇异值分解（SVD）定理）令 $A\in M_{m,n}(\mathbf{C})$，则 A 可以分解为

$$\boldsymbol{A}=\boldsymbol{UDV}$$

这里$\boldsymbol{U}\in M_{m,k}(\mathbf{C})$，$\boldsymbol{V}\in M_{n,k}(\mathbf{C})$，$\boldsymbol{D}$是一个对角矩阵，且

$$\boldsymbol{D}=\begin{pmatrix}\sigma_1 & & & \\ & \sigma_2 & & \\ & & \ddots & \\ & & & \sigma_k\end{pmatrix}$$

$\sigma_1>\sigma_2>\cdots>\sigma_k>0$被称为$\boldsymbol{A}$的奇异值。

3.3 最小二乘法

最小二乘法可能是统计学中应用最为广泛的方法。原因如下：第一，在最小二乘法的框架下，最常用的估计量可以计算出来。例如，一个分布的均值可以最小化方差。第二，平方（即二乘）的使用，有利于数学上的分析处理，因为毕达哥拉斯定理表明，若一个误差与所估计量是相互独立的，则可以将平方误差和平方估计量相加。第三，最小二乘法里涉及的数学工具（求导，特征分解，奇异值分解）都经过了相对长时间的研究，已经比较成熟。

现在最小二乘法已经广泛应用在估计参数的数值解上，通常都是用一个函数来拟合一组数据，并特征化所估计的参数的统计性质。最小二乘法的应用有多种方式：最简单的应用版本称为普通最小二乘法；一个较复杂的应用版本则称为权重最小二乘法。后者的应用效果往往比普通最小二乘法更好，因为它考虑到了自变量的不同重要程度。而最近的一些应用有交替最小二乘法和部分最小二乘法。

令$\boldsymbol{X}\in M_{N,n}(\mathbf{C})$，$N\gg n$，$\boldsymbol{y}\in\mathbf{C}^N$，考虑以下线性方程组：

$$\boldsymbol{Xb}=\boldsymbol{y}$$

该方程组有解当且仅当$\boldsymbol{y}\in\operatorname{Im}(\boldsymbol{A})$。但在现实中，往往由于$N\gg n$而理论上无解。这个问题可以从函数拟合数据的角度去看，也称为回归。普通的最小二乘法也被称为线性回归法，对应于找到一条直线或者曲线来拟合数据点。考虑$N\gg n$个观察量

$(x_i, y_i)_{i=1}^N$，其中 $\boldsymbol{X}$ 为自变量，而 $\boldsymbol{Y}$ 为由 $\boldsymbol{X}$ 决定的因变量。如果只有一个自变量，那么可以构造以下线性函数来拟合所需的数据：

$$\boldsymbol{Y} = a + b\boldsymbol{X} \tag{3.1}$$

式（3.1）涉及两个参数，其中 a 是回归直线的截距，b 是回归直线的斜率。最小二乘法把这些参数的估计值定义为：最小化测量值和模型预测值之间距离平方和的解。也就是说最小化以下表达式：

$$\varepsilon = \sum_i (y_i - \hat{y}_i)^2 = \sum_i [y_i - (a + bx_i)]^2 \tag{3.2}$$

这里 ε 表示的是需要最小化的误差值，也称为残差平方和。式（3.2）的参数可以通过微积分的基础结论进行估计，即一个二次多项式的最小值在导数为零或不存在的点上。求 ε 关于 a 和 b 的导数并设为零，则得到以下等式：

$$\frac{\partial \varepsilon}{\partial a} = 2Na + 2b\sum_i x_i - 2\sum_i y_i = 0 \tag{3.3}$$

$$\frac{\partial \varepsilon}{\partial b} = 2b\sum_i x_i^2 + 2a\sum_i x_i - 2\sum_i x_i y_i = 0 \tag{3.4}$$

解以上方程组得

$$a = M_Y - bM_X \tag{3.5}$$

其中，M_X 和 M_Y 表示的是 $\boldsymbol{X}$ 和 $\boldsymbol{Y}$ 的均值。

$$b = \frac{\sum_i (y_i - M_Y)(x_i - M_X)}{\sum_i (x_i - M_X)^2} \tag{3.6}$$

普通最小二乘法可以扩展应用到多个自变量。

假设有自变量 $\boldsymbol{X} = (\boldsymbol{X}_1, \boldsymbol{X}_2, \cdots, \boldsymbol{X}_p)$，而总共观测了 N 个样本，即 $\boldsymbol{X}$ 是 $N \times p$ 矩阵，希望用 $\boldsymbol{X}$ 来预测因变量 $\boldsymbol{Y}$。则线性回归函数可以写成

$$\hat{\boldsymbol{Y}} = f(\boldsymbol{X}) = \beta_0 + \sum_{j=1}^{p} \beta_j \boldsymbol{X}_j \tag{3.7}$$

这里 β_j 都是未知参数。最小二乘法依然是最小化测量值和模型预测值之间的距离平

方和，即残差平方和

$$\mathrm{RSS}(\boldsymbol{\beta})=\sum_{i=1}^{N}(y_i-f(x_i))^2=\sum_{i=1}^{N}\left(y_i-\beta_0-\sum_j\beta_j x_{ij}\right)^2 \quad (3.8)$$

从统计角度来说，如果训练数据 (x_i, y_i) 代表的是整个空间里随机选取的独立样本点，那么最小化残差平方和的标准是合理的。即使 x_i 不是随机选取的，如果给定了 x_i，y_i 之间是条件独立的，那么这个标准依然合理。图 3.1 显示的是最小二乘法拟合数据在 $\mathbf{R}^{p+1}$，p=2 空间的几何意义。

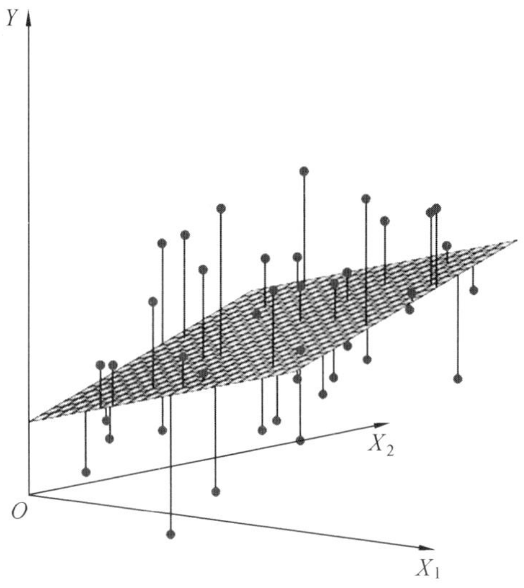

图 3.1　当 $\boldsymbol{X}\in\mathbf{R}^3$ 时，寻找一个线性函数使得残差平方和最小

注意到式（3.8）没有对式（3.7）的模型进行任何可行性的假设，仅仅是要寻找最佳线性模型来拟合数据。最小二乘法的目标是使拟合的残差平方和最小。

下面研究使式（3.8）最小化的方法。用 $\boldsymbol{X}$ 来表示 $N\times(p+1)$ 的矩阵，其中每一行都代表着一个变量的一个观测值（而 1 是总在第一位），可以看作是一个输入数据；类似地，令 $\boldsymbol{y}$ 为 $N\times1$ 向量，每个元素可以看作一个输出数据。然后可以把残差平方和写成

$$\mathrm{RSS}(\boldsymbol{\beta})=(\boldsymbol{y}-\boldsymbol{X}\boldsymbol{\beta})^{\mathrm{T}}(\boldsymbol{y}-\boldsymbol{X}\boldsymbol{\beta}) \tag{3.9}$$

这是一个拥有 $p+1$ 个参数的二次函数。通过对 $\boldsymbol{\beta}$ 求导，得到

$$\frac{\partial \mathrm{RSS}(\boldsymbol{\beta})}{\partial \boldsymbol{\beta}}=-2\boldsymbol{X}^{\mathrm{T}}(\boldsymbol{y}-\boldsymbol{X}\boldsymbol{\beta}) \tag{3.10}$$

$$\frac{\partial^2 \mathrm{RSS}(\boldsymbol{\beta})}{\partial \boldsymbol{\beta}\partial \boldsymbol{\beta}^{\mathrm{T}}}=2\boldsymbol{X}^{\mathrm{T}}\boldsymbol{X} \tag{3.11}$$

假设此时 $\boldsymbol{X}$ 是满秩的实矩阵（注意 $N>p+1$），则 $\boldsymbol{z}^{\mathrm{T}}\boldsymbol{X}^{\mathrm{T}}\boldsymbol{X}\boldsymbol{z}>\boldsymbol{0}$ 对任意 $\boldsymbol{z}\in\mathbf{R}^{p+1}$ 成立，因此 $\boldsymbol{X}^{\mathrm{T}}\boldsymbol{X}$ 是正定矩阵。接着把一阶导数设为零，即

$$\boldsymbol{X}^{\mathrm{T}}(\boldsymbol{y}-\boldsymbol{X}\boldsymbol{\beta})=\boldsymbol{0} \tag{3.12}$$

然后可得解为

$$\hat{\boldsymbol{\beta}}=(\boldsymbol{X}^{\mathrm{T}}\boldsymbol{X})^{-1}\boldsymbol{X}^{\mathrm{T}}\boldsymbol{y} \tag{3.13}$$

输出向量 $\boldsymbol{y}$ 被正交投影到由 $\boldsymbol{x}_1$ 和 $\boldsymbol{x}_2$ 张成的平面上。而投影 $\hat{\boldsymbol{y}}$ 其实就是最小二乘法的预测值。

线性回归模型在 $\boldsymbol{x}_0$ 的预测值可以表达为：$\hat{f}(\boldsymbol{x}_0)=(1\quad \boldsymbol{x}_0)^{\mathrm{T}}\hat{\boldsymbol{\beta}}$。所以线性回归模型在给定的训练数据输入下拟合的值是：

$$\hat{\boldsymbol{y}}=\boldsymbol{X}\hat{\boldsymbol{\beta}}=\boldsymbol{X}(\boldsymbol{X}^{\mathrm{T}}\boldsymbol{X})^{-1}\boldsymbol{X}^{\mathrm{T}}\boldsymbol{y} \tag{3.14}$$

这里 $\hat{\boldsymbol{y}}_i=\hat{f}(\boldsymbol{x}_i)$。式（3.14）中的矩阵 $\boldsymbol{H}=\boldsymbol{X}(\boldsymbol{X}^{\mathrm{T}}\boldsymbol{X})^{-1}\boldsymbol{X}^{\mathrm{T}}$ 有时候称为帽子矩阵，因为它给 $\boldsymbol{y}$ 戴了个“帽子”。图 3.2 显示了最小二乘法的另一个几何表达形式。把 $\boldsymbol{X}$ 的列向量标记为 $\boldsymbol{x}_0,\boldsymbol{x}_1,\cdots,\boldsymbol{x}_p$。这些向量张成了 $\mathbf{R}^N$ 空间上的一个子空间，或者称为 $\boldsymbol{X}$ 的列空间。最小化 $\mathrm{RSS}(\boldsymbol{\beta})=\|\boldsymbol{y}-\boldsymbol{X}\boldsymbol{\beta}\|^2$，求得解 $\hat{\boldsymbol{\beta}}$ 使得 $\boldsymbol{y}-\hat{\boldsymbol{y}}$ 与这个列空间正交。式（3.14）中已经表达过了这个正交的性质。并且模型估计值 $\hat{\boldsymbol{y}}$ 也因此是 $\boldsymbol{y}$ 在列空间的正交投影。帽子矩阵 $\boldsymbol{H}$ 计算了这个正交投影，因此是一个正交投影矩阵。

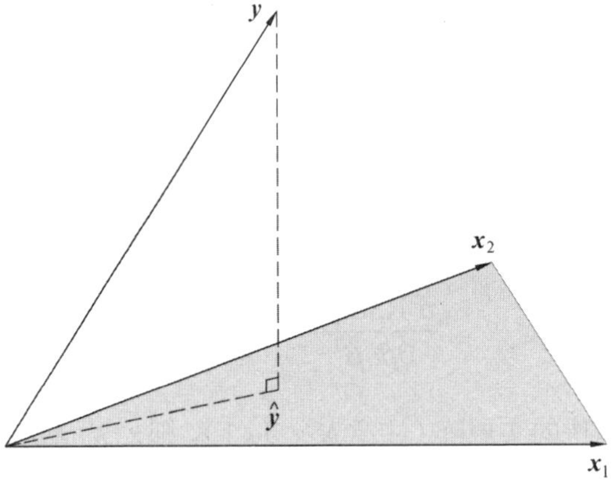

图 3.2　两个变量的最小二乘法的几何图

$\boldsymbol{X}$ 还有一种可能的情况是，$\boldsymbol{X}$ 的列向量并不是线性无关的，因此 $\boldsymbol{X}$ 不是满秩。这种情况是可能的，如果两个列向量彼此完全相关，如 $\boldsymbol{x}_2 = 3\boldsymbol{x}_1$，此时 $\boldsymbol{X}^{\mathrm{T}}\boldsymbol{X}$ 是一个奇异矩阵，则其最小二乘的系数不是唯一的。然而，模型拟合的 $\hat{\boldsymbol{y}} = \boldsymbol{X}\hat{\boldsymbol{\beta}}$ 仍然是 $\boldsymbol{y}$ 到 $\boldsymbol{X}$ 的列空间的投影。这种情况只是表示，存在超出一种用 $\boldsymbol{X}$ 的列向量来表达这个投影的方式。

非满秩的情况常常是输入数据存在冗余的定性数据。通常最容易的解决办法是将 $\boldsymbol{X}$ 的多余列向量去掉，或者重新调整其定量。多数回归的软件都能发现这些冗余数据，并自动应用一些方法去除冗余数据。在信号和图像分析中，也经常遇到不满秩的情况，这时输入变量 p 比训练数据 N 要大。在这种情况下，会使用一些特别的过滤方法减少变量，或者使用正则化方法来控制拟合。

目前对数据的分布并没有做出什么假设。为了确定 $\hat{\boldsymbol{\beta}}$ 的抽样性质，现在假设 $\boldsymbol{y}_i$ 之间是不相关的，$\boldsymbol{y}$ 的方差是 σ^2，且 $\boldsymbol{x}_i$ 是固定的而不是随机的。则最小二乘估计的参数值 $\hat{\boldsymbol{\beta}}$ 的协方差矩阵可以通过下式来推导：

$$\mathrm{Var}(\hat{\boldsymbol{\beta}}) = (\boldsymbol{X}^{\mathrm{T}}\boldsymbol{X})^{-1}\sigma^2 \tag{3.15}$$

通常估算方差 $\hat{\sigma}^2$ 如下：

$$\hat{\sigma}^2 = \frac{1}{N-p-1}\sum_{i=1}^{N}(\boldsymbol{y}_i - \hat{\boldsymbol{y}}_i)^2 \tag{3.16}$$

分母之所以取 $N-p-1$ 而不是 N 是因为这样能让 $\hat{\sigma}^2$ 成为 σ^2 的无偏估计量，即 $E(\hat{\sigma}^2)=\sigma^2$。

要对模型和参数做出一些推断，需要更多的假设。现在假设式（3.7）是一个估算均值的正确模型，也就是说 $\boldsymbol{Y}$ 的条件期望是关于 $\boldsymbol{X}_1,\cdots,\boldsymbol{X}_p$ 线性的。还假设 $\boldsymbol{Y}$ 对其期望的偏离是可加的，同时满足高斯分布，因此

$$\boldsymbol{Y} = E(\boldsymbol{Y}\mid \boldsymbol{X}_1,\cdots,\boldsymbol{X}_p) + \varepsilon = \boldsymbol{\beta}_0 + \sum_{j=1}^{p}\boldsymbol{X}_j\boldsymbol{\beta}_j + \varepsilon \tag{3.17}$$

这里误差ε是一个高斯随机变量，期望为零，方差为σ^2，记为$\varepsilon \sim N(0,\sigma^2)$。

通过式（3.17）很容易证明

$$\hat{\boldsymbol{\beta}} \sim N(\boldsymbol{\beta},(\boldsymbol{X}^{\mathrm{T}}\boldsymbol{X})^{-1}\sigma^2) \tag{3.18}$$

这是一个多元正态分布。并且

$$(N-p-1)\hat{\sigma}^2 \sim \sigma^2\chi^2_{N-p-1} \tag{3.19}$$

这是一个自由度为 $N-p-1$ 的卡方分布。另外，$\hat{\boldsymbol{\beta}}$ 和 $\hat{\sigma}^2$ 都是统计上无关的。通过这些分布的性质即可以对参数 β_i 进行假设检验和求得置信区间。

要检验一个特定的假设 $\beta_i=0$，计算标准化的系数或者 Z 分值：

$$z_j = \frac{\hat{\boldsymbol{\beta}}}{\hat{\sigma}\sqrt{v_j}} \tag{3.20}$$

这里的 v_j 是矩阵 $(\boldsymbol{X}^{\mathrm{T}}\boldsymbol{X})^{-1}$ 的第 j 个对角线的元素。零假设是 $\beta_j=0$，z_j 则是自由度为 $N-p-1$ 的 t 分布，于是 z_j 的绝对值很大的话将会拒绝零假设。如果 $\hat{\sigma}$ 由一个已知的 σ 值代替，则 z_j 是一个标准正态分布。随着样本量增大，t 分布和标准正态分布的尾部分位数区别可以忽略不计。因此通常使用正态分布的分位数（图 3.3）。

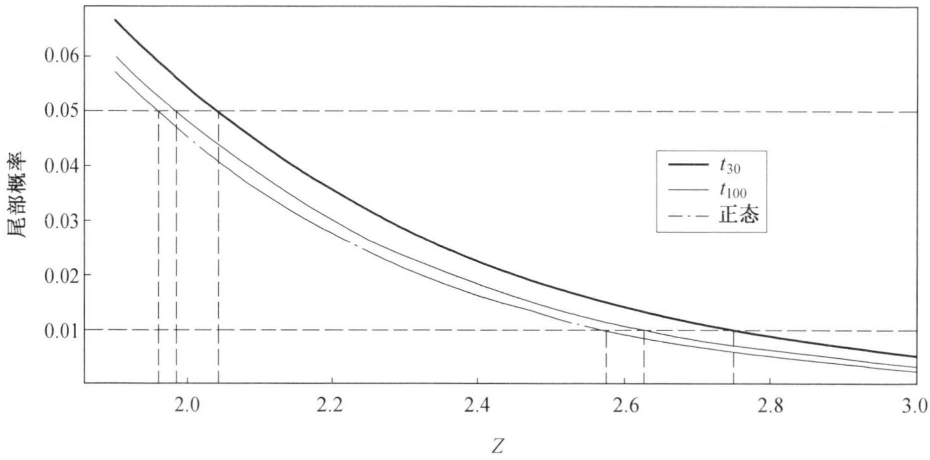

图 3.3　t_{30}，t_{100} 和标准正态分布的尾部概率 $\Pr(|Z|>z)$

图 3.3 中显示的是检验显著水平 $p=0.05$ 和 $p=0.01$ 的情况。当 $N>100$ 时，t 和标准正态分布的区别是可以忽略不计的。

通常需要同时检验所有的系数的显著性。例如，要检验一个取 k 个水平值的分类变量是否可以从模型中排除，需要检验该变量的系数是否可以取为零。这里使用 F 统计量，有

$$F=\frac{\dfrac{\mathrm{RSS}_0-\mathrm{RSS}_1}{p_1-p_0}}{\dfrac{\mathrm{RSS}_1}{N-p_1-1}} \tag{3.21}$$

这里 RSS_1 是含有 p_1+1 个参数的最小二乘模型的残差平方和，而 RSS_0 则是含有 p_0+1 个参数的最小二乘模型的残差平方和，p_1-p_0 不等于零。这个 F 统计量测量的是每增加一个参数后的残差平方和变化，这是通过 σ^2 的估算来标准化的。在高斯假设条件下，零假设是参数更少的模型是正确的，则 F 统计量的分布是 $F_{p_1-p_0,N-p_1-1}$。可以验证式（3.20）的 z_j 与模型减少参数 β_j 的 F 统计量等价。当 N 很大的时候，$F_{p_1-p_0,N-p_1-1}$ 接近 $\dfrac{\chi_{p_1-p_0}}{p_1-p_0}$。

类似地，可以单独求出 β_j 的 $1-2\alpha$ 显著水平的置信区间为

$$(\hat{\beta}_j - z^{(1-\alpha)} v_j^{\frac{1}{2}} \hat{\sigma}, \hat{\beta}_j + z^{(1-\alpha)} v_j^{\frac{1}{2}} \hat{\sigma}) \tag{3.22}$$

这里 $z^{(1-\alpha)}$ 是正态分布的 $1-\alpha$ 百分位数。例如

$$z^{(1-0.025)} = 1.96$$

$$z^{(1-0.05)} = 1.645$$

等。即使高斯误差的假设不成立，这个置信区间也是基本正确的，因为当样本量 N 足够大时，该置信区间会接近 $1-2\alpha$ 的原本置信区间。

类似地，可以获得整个参数向量 $\boldsymbol{\beta}$ 的大约置信区间集合为

$$C_{\beta} = \{\boldsymbol{\beta} \mid (\hat{\boldsymbol{\beta}} - \boldsymbol{\beta})^{\mathrm{T}} \boldsymbol{X}^{\mathrm{T}} \boldsymbol{X} (\hat{\boldsymbol{\beta}} - \boldsymbol{\beta}) \leqslant \hat{\sigma}^2 \chi_{p+1}^{2(1-\alpha)}\} \tag{3.23}$$

这里 $\chi_l^{2(1-\alpha)}$ 是 l 个自由度的卡方分布在 $1-\alpha$ 的百分位数。例如

$$\chi_5^{2(1-0.05)} = 11.1$$

$$\chi_5^{2(1-0.1)} = 9.2$$

这个 $\boldsymbol{\beta}$ 的置信区间集合生成了真实函数 $f(\boldsymbol{x}) = \boldsymbol{x}^{\mathrm{T}} \boldsymbol{\beta}$ 的相应置信区间集合，即 $\{\boldsymbol{x}^{\mathrm{T}} \boldsymbol{\beta} \mid \boldsymbol{\beta} \in \mathbf{C}_{\beta}\}$。

3.4　应用实例——前列腺癌数据

这个例子来源于 Stamey 等人在 1989 年的一个研究。他们研究了将要接受前列腺切除手术的患者们的前列腺特异性抗原（lpsa）的水平和一系列临床测量变量的相关性。这些临床测量变量包括：癌症量对数（lcavol），前列腺重量对数（lweight），年龄（age），良性前列腺增生量对数（lbph），精囊侵袭（svi），囊渗透（lcp），Gleason 分值（gleason）和 Gleason 分值 4 或 5（pgg45）。这些预测因子（即临床测量变量）之间的相关系数矩阵见表 3.1。先将输入数据标准化，使得每个变量方差都为 1，然后用一个线性模型来拟合输入数据和输出数据 lpsa。随机地将数据分成有 67 个样本的训练数据和有 30 个样本的测试数据。然后应用最小二乘法来估计训练数据的参

数，得到标准误差和 Z 分值（表 3.2）。

表 3.1　前列腺癌数据的预测因子之间的相关性

预测因子	lcavol	lweight	age	lbph	svi	lcp	gleason
lweight	0.300						
age	0.286	0.317					
lbph	0.063	0.437	0.287				
svi	0.593	0.181	0.129	−0.139			
lcp	0.692	0.157	0.173	−0.089	0.671		
gleason	0.426	0.024	0.366	0.033	0.307	0.476	
pgg45	0.483	0.074	0.276	−0.030	0.481	0.663	0.757

表 3.2　拟合前列腺癌数据的线性模型

预测因子	系数	标准误差	Z 分值
lcavol	0.68	0.13	5.37
lweight	0.26	0.10	2.75
age	−0.14	0.10	−1.40
lbph	0.21	0.10	2.06
svi	0.31	0.12	2.47
lcp	−0.29	0.15	−1.87
gleason	−0.02	0.15	−0.15
pgg45	0.27	0.15	1.74

Z 分值是由式（3.20）所定义的，度量的是去除该变量的效果。如果 Z 分值的绝对值比 2 大，那么对应的系数是在 p=0.05 水平上显著非零。在本例中，有 9 个参数，t_{67-9} 分布的 0.025 尾部分位数是±2.002 时，lcavol 显示的效果是最强的，同时 lweight 和 svi 也较强。注意到当 lcavol 在模型中时，lcp 并不显著有效（但当 lcavol 不在模型中时，lcp 是显著有效的）。

可以用式（3.21）的 F 统计量来测试将多个变量同时去除的情况。例如，考虑将表 3.2 的所有不重要变量都去除，如 age、lcp、gleason 和 pgg45。可以得到

$$F = \frac{\dfrac{32.81 - 29.43}{9 - 5}}{\dfrac{29.43}{67 - 9}} \approx 1.67 \tag{3.24}$$

这个对应的 p 值为 0.17，即

$$\Pr(F_{4,58} > 1.67) = 0.17$$

因此不显著。

测试数据的平均预测误差是 0.521。比较之下，用 lpsa 的训练数据均值得到测试误差为 1.057，这被称为基础误差率。因此线性模型将基础误差率降低了大约 50%。

3.5　高斯-马尔可夫定理

【定理 3.10】（高斯-马尔可夫定理）在给定经典线性回归的假定下，最小二乘估计量是具有最小方差的线性无偏估计量。

高斯-马尔可夫定理的意义在于，当经典假定成立时，不需要再去寻找其他无偏估计量，因为没有一个无偏估计量会优于普通最小二乘估计量。也就是说，如果存在一个好的线性无偏估计量，这个估计量的方差最小也只能与普通最小二乘估计量的方差一样小，不会小于普通最小二乘估计量的方差。

主要对参数 $\boldsymbol{\theta} = \boldsymbol{a}^{\mathrm{T}}\boldsymbol{\beta}$ 的任意线性组合进行估计。例如，模型预测值即 $f(\boldsymbol{x}_0) = \boldsymbol{x}_0^{\mathrm{T}}\boldsymbol{\beta}$ 是这样的形式，那么 $\boldsymbol{a}^{\mathrm{T}}\boldsymbol{\beta}$ 的最小二乘估计是

$$\hat{\boldsymbol{\theta}} = \boldsymbol{a}^{\mathrm{T}}\hat{\boldsymbol{\beta}} = \boldsymbol{a}^{\mathrm{T}}(\boldsymbol{X}^{\mathrm{T}}\boldsymbol{X})^{-1}\boldsymbol{X}^{\mathrm{T}}\boldsymbol{y} \tag{3.25}$$

考虑 $\boldsymbol{X}$ 是固定的，这是 $\boldsymbol{y}$ 的一个线性函数 $\boldsymbol{c}_0^{\mathrm{T}}\boldsymbol{y}$。如果假设这个线性模型是正确的，则 $\boldsymbol{a}^{\mathrm{T}}\boldsymbol{\beta}$ 是无偏的，因为

$$\begin{aligned} E(\boldsymbol{a}^{\mathrm{T}}\hat{\boldsymbol{\beta}}) &= E(\boldsymbol{a}^{\mathrm{T}}(\boldsymbol{X}^{\mathrm{T}}\boldsymbol{X})^{-1}\boldsymbol{X}^{\mathrm{T}}\boldsymbol{y}) \\ &= \boldsymbol{a}^{\mathrm{T}}(\boldsymbol{X}^{\mathrm{T}}\boldsymbol{X})^{-1}\boldsymbol{X}^{\mathrm{T}}\boldsymbol{X}\boldsymbol{\beta} \\ &= \boldsymbol{a}^{\mathrm{T}}\boldsymbol{\beta} \end{aligned} \tag{3.26}$$

高斯-马尔可夫定理表明，如果有其他线性估计量 $\tilde{\boldsymbol{\theta}} = \boldsymbol{c}^{\mathrm{T}}\boldsymbol{y}$ 是 $\boldsymbol{a}^{\mathrm{T}}\boldsymbol{\beta}$ 的无偏估计，即 $E(\boldsymbol{c}^{\mathrm{T}}\boldsymbol{y}) = \boldsymbol{a}^{\mathrm{T}}\boldsymbol{\beta}$，则

$$\mathrm{Var}(\boldsymbol{a}^{\mathrm{T}}\hat{\boldsymbol{\beta}}) \leqslant \mathrm{Var}(\boldsymbol{c}^{\mathrm{T}}\boldsymbol{y}) \tag{3.27}$$

证明：令 $\boldsymbol{\varphi} = \boldsymbol{c}^{\mathrm{T}}\boldsymbol{y} - \boldsymbol{a}^{\mathrm{T}}\hat{\boldsymbol{\beta}}$，则

$$E(\boldsymbol{\varphi}) = E(\boldsymbol{c}^{\mathrm{T}}\boldsymbol{y}) - E(\boldsymbol{a}^{\mathrm{T}}\hat{\boldsymbol{\beta}}) = \mathbf{0}$$

于是

$$\begin{aligned} \mathrm{Var}(\boldsymbol{c}^{\mathrm{T}}\boldsymbol{y}) &= E(\boldsymbol{c}^{\mathrm{T}}\boldsymbol{y} - \boldsymbol{a}^{\mathrm{T}}\boldsymbol{\beta})^2 \\ &= E\left((\boldsymbol{c}^{\mathrm{T}}\boldsymbol{y} - \boldsymbol{a}^{\mathrm{T}}\hat{\boldsymbol{\beta}}) + (\boldsymbol{a}^{\mathrm{T}}\hat{\boldsymbol{\beta}} - \boldsymbol{a}^{\mathrm{T}}\boldsymbol{\beta})\right)^2 \\ &= E(\boldsymbol{\varphi}^2) + \mathrm{Var}(\boldsymbol{a}^{\mathrm{T}}\hat{\boldsymbol{\beta}}) + 2\mathrm{Cov}(\boldsymbol{\varphi}, \boldsymbol{a}^{\mathrm{T}}\hat{\boldsymbol{\beta}}) \\ &\geqslant \mathrm{Var}(\boldsymbol{a}^{\mathrm{T}}\hat{\boldsymbol{\beta}}) \end{aligned}$$

定理得证。

考虑估计量 $\tilde{\boldsymbol{\theta}}$ 的平均平方误差：

$$\mathrm{MSE}(\tilde{\boldsymbol{\theta}}) = E(\tilde{\boldsymbol{\theta}} - \boldsymbol{\theta})^2 = \mathrm{Var}(\tilde{\boldsymbol{\theta}}) + (E(\tilde{\boldsymbol{\theta}}) - \boldsymbol{\theta})^2 \tag{3.28}$$

式（3.28）右侧第一项是方差，第二项是平方偏差。高斯-马尔可夫定理表明，最小二乘估计量在所有无偏的线性估计量中，有着最小的平均平方误差。然而，可能存在一些有偏的估计量使得平均平方误差更小。这样的估计量，一方面有一定的偏差，另一方面使得方差有更大幅度的减小。关于这一点在后面会介绍一些常用的简单方法，但不会深入讨论。从一个实际的角度来看，多数模型都扭曲了真实情况，所以是有偏差的；最合适的模型往往是在偏差和方差之间的一个恰当的平衡。

平均平方误差跟预测精度是紧密相关的。考虑输入为 $\boldsymbol{x}_0$ 的预测输出：

$$\boldsymbol{Y}_0 = f(\boldsymbol{x}_0) + \boldsymbol{\varepsilon} \tag{3.29}$$

则 $\tilde{f}(\boldsymbol{x}_0) = \boldsymbol{x}_0^{\mathrm{T}}\tilde{\boldsymbol{\beta}}$ 的期望预测误差是

$$E[\boldsymbol{Y}_0 - \tilde{f}(\boldsymbol{x}_0)]^2 = \sigma^2 + E[\boldsymbol{x}_0^{\mathrm{T}}\tilde{\boldsymbol{\beta}} - \tilde{f}(\boldsymbol{x}_0)]^2 = \sigma^2 + \mathrm{MSE}[\tilde{f}(\boldsymbol{x}_0)] \tag{3.30}$$

因此，期望预测误差和平均平方误差仅仅相差 σ^2。

3.6　从单变量回归到多变量回归

本节通过正交化向量和单变量回归，推导出多变量回归解的新表达式。p=1 的线性模型最小二乘估计，有助于更好地理解最小二乘法所得到的式（3.14）的估计。

首先假设一个没有截距的单变量模型，即

$$Y = X\beta + \varepsilon \tag{3.31}$$

最小二乘法得到的解和残差为

$$\hat{\beta} = \frac{\sum_{i=1}^{N} x_i y_i}{\sum_{i=1}^{N} x_i^2} \tag{3.32}$$

$$r_i = y_i - x_i\beta \tag{3.33}$$

为了方便表示，令 $\boldsymbol{y} = (y_1, \cdots, y_N)^{\mathrm{T}}$，$\boldsymbol{x} = (x_1, \cdots, x_N)^{\mathrm{T}}$，并假设 $\boldsymbol{x}$，$\boldsymbol{y}$ 都是实矩阵和实向量，则

$$\langle \boldsymbol{x}, \boldsymbol{y} \rangle = \sum_{i=1}^{N} x_i y_i = \boldsymbol{x}^{\mathrm{T}}\boldsymbol{y} \tag{3.34}$$

因此得到如下表达式：

$$\hat{\beta} = \frac{\langle \boldsymbol{x}, \boldsymbol{y} \rangle}{\langle \boldsymbol{x}, \boldsymbol{x} \rangle} \tag{3.35}$$

这个简单的单变量线性回归给多变量线性回归提供了求解思路。假设所有的变量 $\boldsymbol{x}_1,\boldsymbol{x}_2,\cdots,\boldsymbol{x}_p$（$\boldsymbol{X}$ 的列向量）都是正交的，即 $\langle \boldsymbol{x}_j,\boldsymbol{x}_k\rangle=0$， $j\neq k$ ，则很容易验证多变量最小二乘估计 $\hat{\beta}=\dfrac{\langle \boldsymbol{x}_j,\boldsymbol{y}\rangle}{\langle \boldsymbol{x}_j,\boldsymbol{x}_j\rangle}$ 正好是单变量的参数估计值。也就是说，当输入数据是正交时，它们对彼此的参数估计没有任何影响。

正交输入数据在现实应用中几乎不可能见到。于是需要对原始数据进行正交化，以便应用刚刚讨论的求解思路。假设有一个截距，和一个单变量输入数据 $\boldsymbol{x}$。则 $\boldsymbol{x}$ 的最小二乘系数有如下形式：

$$\hat{\beta}_1=\frac{\langle \boldsymbol{x}-\bar{\boldsymbol{x}}_1,\boldsymbol{y}\rangle}{\langle \boldsymbol{x}-\bar{\boldsymbol{x}}_1,\boldsymbol{x}-\bar{\boldsymbol{x}}_1\rangle} \tag{3.36}$$

这里 $\bar{\boldsymbol{x}}=\dfrac{1}{N}\sum_{i=1}^{N}\boldsymbol{x}_i$， $\boldsymbol{x}_0=\boldsymbol{1}$ 表示所有元素均为 1 的向量。可以把式（3.36）的估计值看作是单变量回归的两个应用，步骤是：

①回归 $\boldsymbol{x}$ 在 $\boldsymbol{1}$ 上，得到残差 $\boldsymbol{z}=\boldsymbol{x}-\bar{\boldsymbol{x}}_1$；

②回归 $\boldsymbol{y}$ 在残差 $\boldsymbol{z}$ 上，得到系数 $\hat{\beta}_1$。

在这个过程中，“回归 $\boldsymbol{b}$ 在 $\boldsymbol{a}$ 上”意思是对 $\boldsymbol{b}$ 进行单变量为 $\boldsymbol{a}$ 的、无截距的线性回归，得到系数 $\hat{\gamma}=\dfrac{\langle \boldsymbol{a},\boldsymbol{b}\rangle}{\langle \boldsymbol{a},\boldsymbol{a}\rangle}$。称 $\boldsymbol{b}$ 根据 $\boldsymbol{a}$ 调整，或者关于 $\boldsymbol{a}$ 进行正交化。

步骤①对 $\boldsymbol{x}$ 关于 $\boldsymbol{x}_0=\boldsymbol{1}$ 进行了正交化，步骤②则是一个单变量线性回归，用彼此正交的预测因子 $\boldsymbol{1}$ 和 $\boldsymbol{z}$。图 3.4 显示了对两个变量 $\boldsymbol{x}_1,\boldsymbol{x}_2$ 的回归过程。这个过程简单来说就是算出了输入变量的一组正交基。

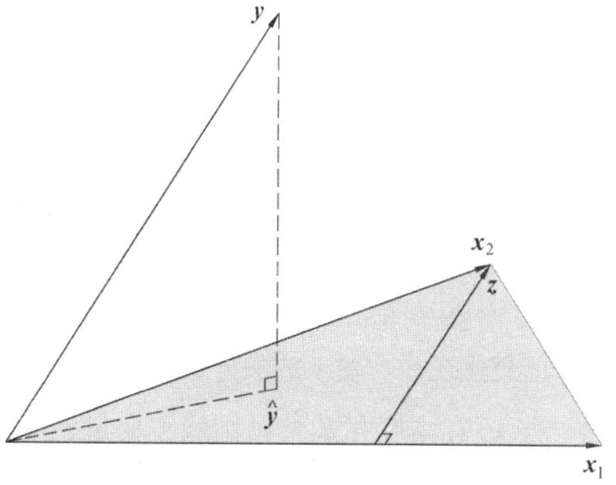

图 3.4　基于正交化输入变量的最小二乘回归法

向量 $\boldsymbol{x}_2$ 在向量 $\boldsymbol{x}_1$ 上回归，剩下残差向量 $\boldsymbol{z}$。回归 $\boldsymbol{y}$ 在 $\boldsymbol{z}$ 上得到多变量线性回归的 $\boldsymbol{x}_2$ 的系数。$\boldsymbol{y}$ 在 $\boldsymbol{x}_1$ 和 $\boldsymbol{z}$ 的投影相加得到最小二乘拟合 $\hat{\boldsymbol{y}}$ 。

以上步骤可以一般化到 p 个输入变量的情况。算法逐步正交化的回归法总结了整个算法过程。注意到步骤②的输入变量 $\boldsymbol{z}_0,\cdots,\boldsymbol{z}_{j-1}$ 都是正交的，因此，用单变量线性回归计算出来的系数即多变量线性回归的系数。

逐步正交化的回归法步骤如下：

①初始化 $\boldsymbol{z}_0=\boldsymbol{x}_0=\boldsymbol{1}$;

②对 $j=1,2,\cdots,p$, 回归 $\boldsymbol{x}_j$ 在 $\boldsymbol{z}_0,\cdots,\boldsymbol{z}_{j-1}$ 上，得到系数 $\hat{\gamma}_{lj}=\dfrac{\langle \boldsymbol{z}_l,\boldsymbol{x}_j\rangle}{\langle \boldsymbol{z}_l,\boldsymbol{z}_l\rangle}$, $l=0,1,\cdots,j-1$ 和残差 $\boldsymbol{z}_j=\boldsymbol{x}_j-\sum_{k=0}^{j-1}\hat{\gamma}_{kj}\boldsymbol{z}_k$;

③回归 $\boldsymbol{y}$ 在 $\boldsymbol{z}_p$ 上，得到 $\hat{\beta}_p$ 。

这个算法的结果是

$$\hat{\beta}_p=\frac{\langle \boldsymbol{z}_p,\boldsymbol{y}\rangle}{\langle \boldsymbol{z}_p,\boldsymbol{z}_p\rangle} \tag{3.37}$$

重新整理步骤②的残差，可以看到每一个 $\boldsymbol{x}_j$ 都是 $\boldsymbol{z}_k$ ，$k=0,\cdots,j$ 的线性组合。由于 $\boldsymbol{z}_j$ 都是正交的，因此它们是 $\boldsymbol{X}$ 的列空间的一组基，于是最小二乘估计投影到这个子空

间是 $\hat{\boldsymbol{y}}$。由于 $\boldsymbol{z}_p$ 仅仅与 $\boldsymbol{x}_p$ 线性相关，而式（3.37）的系数正好是多变量线性回归里 $\boldsymbol{x}_p$ 的系数，这个结论揭示了相关的输入变量在多变量线性回归中的影响。注意到如果重新整理 $\boldsymbol{x}_j$ 的顺序，任何 $\boldsymbol{x}_j$ 都可以放到最后的位置，而得到相似的结果。因此，证明了多变量线性回归的第 j 个系数是单变量线性回归 $\boldsymbol{y}$ 到 $\boldsymbol{x}_{j,0,1,\cdots,j-1,j+1,\cdots,p}$ 上的系数，其中 $\boldsymbol{x}_{j,0,1,\cdots,j-1,j+1,\cdots,p}$ 是回归 $\boldsymbol{x}_j$ 到 $\boldsymbol{x}_0,\boldsymbol{x}_1,\cdots,\boldsymbol{x}_{j-1},\boldsymbol{x}_{j+1},\cdots,\boldsymbol{x}_p$ 后得到的残差。

【定理 3.11】 多变量（多元）线性回归的系数 $\hat{\beta}_j$ 代表的是，当 $\boldsymbol{x}_j$ 关于 $\boldsymbol{x}_0,\boldsymbol{x}_1,\cdots,\boldsymbol{x}_{j-1},\boldsymbol{x}_{j+1},\cdots,\boldsymbol{x}_p$ 正交化之后，对 $\boldsymbol{y}$ 的额外贡献。

如果 $\boldsymbol{x}_p$ 与其中的一些 $\boldsymbol{x}_k$ 有高度相关性，则残差向量 $\boldsymbol{z}_p$ 会非常接近零。从式（3.37）可以看到，系数 $\hat{\beta}_p$ 是非常不稳定的。虽然不能删除高度相关的变量，但是 Z 分值很小的变量都可以删除。从式（3.37）也可以得到一个替换式（3.15）的方差估计公式：

$$\mathrm{Var}(\hat{\beta}_p)=\frac{\sigma^2}{\langle \boldsymbol{z}_p,\boldsymbol{z}_p\rangle}=\frac{\sigma^2}{\|\boldsymbol{z}_p\|^2} \tag{3.38}$$

也就是说，估计 $\hat{\beta}_p$ 的精度与残差 $\boldsymbol{z}_p$ 的长度有关，式（3.38）也表明了 $\boldsymbol{x}_p$ 里有多少信息是无法被其他 $\boldsymbol{x}_k$ 解释的。算法逐步正交化的回归法被称为多变量回归的 Gram-Schmidt 程序，这也是在数值计算的时候很有用的一个估计算法。通过这个算法，不仅可以求得 $\hat{\beta}_p$，还可以得到整个多变量最小二乘法的拟合值。

逐步正交化的回归法的步骤②可以用矩阵形式表示为

$$\boldsymbol{X}=\boldsymbol{Z\Gamma} \tag{3.39}$$

这里 $\boldsymbol{Z}$ 的列向量是 $\boldsymbol{z}_j$，而 $\boldsymbol{\Gamma}$ 是一个上三角矩阵，其元素是 $\hat{\gamma}_{kj}$。

引入对角矩阵 $\boldsymbol{D}$，其中对角线上的第 j 个元素是 $D_{jj}=\|\boldsymbol{z}_j\|$，得到

$$\boldsymbol{X}=\boldsymbol{ZD}^{-1}\boldsymbol{D\Gamma}=\boldsymbol{QR} \tag{3.40}$$

这就是 $\boldsymbol{X}$ 的 QR 分解。这里 $\boldsymbol{Q}$ 是 $N\times(p+1)$ 的正交矩阵，$\boldsymbol{Q}^{\mathrm{T}}\boldsymbol{Q}=\boldsymbol{I}$；$\boldsymbol{R}$ 是 $(p+1)\times(p+1)$ 的上三角矩阵。QR 分解其实是求出 $\boldsymbol{X}$ 的列空间的一组方便应用的正交基。很容易看到，最小二乘法的解可以表述为

$$\begin{cases}\hat{\boldsymbol{\beta}} = \boldsymbol{R}^{-1}\boldsymbol{Q}^{\mathrm{T}}\boldsymbol{y} \\ \hat{\boldsymbol{y}} = \boldsymbol{Q}\boldsymbol{Q}^{\mathrm{T}}\boldsymbol{y}\end{cases} \tag{3.41}$$

因为 $\boldsymbol{R}$ 是上三角矩阵，所以式（3.41）很容易求解。

3.7　多输出回归

假设有多个输出变量 $Y_1, Y_2, \cdots, Y_K$，输入数据都是同样的 $X_0, X_1, \cdots, X_p$，则可以假设对每个输出变量，都有一个线性模型

$$Y_k = \beta_{0k} + \sum_{j=1}^{p} X_j \beta_{jk} + \varepsilon = f_k(\boldsymbol{X}) + \varepsilon_k \tag{3.42}$$

如果训练数据总共有 N 个，可以建模如下：

$$\boldsymbol{Y} = \boldsymbol{X}\boldsymbol{B} + \boldsymbol{E} \tag{3.43}$$

其中，$\boldsymbol{Y}$ 是 $N \times K$ 的因变量矩阵，y_{ik} 是其第 ik 个元素；$\boldsymbol{X}$ 是 $N \times (p+1)$ 输入变量矩阵；$\boldsymbol{B}$ 是 $(p+1) \times K$ 的参数矩阵；$\boldsymbol{E}$ 是 $N \times K$ 的误差矩阵。

损失函数则可以表示为

$$\mathrm{RSS}(\boldsymbol{B}) = \sum_{k=1}^{K}\sum_{i=1}^{N}\left(y_{ik} - f_k(x_i)\right)^2 = \mathrm{tr}((\boldsymbol{Y} - \boldsymbol{X}\boldsymbol{B})^{\mathrm{T}}(\boldsymbol{Y} - \boldsymbol{X}\boldsymbol{B})) \tag{3.44}$$

最小二乘估计跟前面推导得到的形式完全一致，即

$$\hat{\boldsymbol{B}} = (\boldsymbol{X}^{\mathrm{T}}\boldsymbol{X})^{-1}\boldsymbol{X}^{\mathrm{T}}\boldsymbol{Y} \tag{3.45}$$

于是第 k 个输出变量的系数是 $\boldsymbol{y}_k$ 在 $x_0, x_1, \cdots, x_p$ 的最小二乘回归系数。多输出变量并不会影响彼此之间的最小二乘估计值。

如果误差 $\boldsymbol{\varepsilon} = (\varepsilon_1, \cdots, \varepsilon_K)$ 是相关的，那么需要对多元输出的解式（3.44）做一定的修改，使得最后解不相关。

具体地说，假设 $\mathrm{Cov}(\boldsymbol{\varepsilon}) = \boldsymbol{\Sigma}$，则多元权重标准为

$$\mathrm{RSS}(\boldsymbol{B};\boldsymbol{\Sigma})=\sum_{i=1}^{N}(\boldsymbol{y}_i-f(x_i))^{\mathrm{T}}\boldsymbol{\Sigma}^{-1}(\boldsymbol{y}_i-f(x_i)) \tag{3.46}$$

这是从多元高斯理论推得的。这里 $f(\boldsymbol{x})$ 是向量函数 $(f_1(\boldsymbol{x}),\cdots,f_K(\boldsymbol{x}))$， $\boldsymbol{y}_i$ 是第 i 个观测的输出向量 $(y_{i1},y_{i2},\cdots,y_{ik})$。然而，可以证明式（3.45）获得的解就是式（3.46）的解，因为 K 个分开的回归可以忽略误差的相关性。

3.8 Ridge 回归

Ridge 回归通过给最小二乘法加“惩罚”权重的方式，收缩回归法求解的系数。Ridge 系数最小化受罚的残差平方和：

$$\hat{\beta}^{\mathrm{ridge}}=\operatorname{argmin}_{\beta}\left\{\sum_{i=1}^{N}\left(y_i-\beta_0-\sum_{j=1}^{p}x_j\beta_j\right)^2+\lambda\sum_{j=1}^{p}\beta_j^2\right\} \tag{3.47}$$

这里 $\lambda>0$ 是一个复杂参数，用来控制对系数的收缩量。λ 越大，则收缩量越大，系数将随着 λ 的增大而收缩至零。惩罚的概念是通过参数的平方和来实现，在参数估计中应用很广。

一个 Ridge 问题的等价写法是

$$\hat{\beta}^{\mathrm{ridge}}=\operatorname{argmin}_{\beta}\sum_{i=1}^{N}\left(y_i-\beta_0-\sum_{j=1}^{p}x_j\beta_j\right)^2 \quad \text{subject to} \quad \sum_{j=1}^{p}\beta_j^2\leqslant t \tag{3.48}$$

这个写法更清楚地表明对参数的大小做了限制。式（3.47）的 λ 和式（3.48）的 t 之间存在一对一的对应。在一个线性回归模型中，当很多变量之间存在相关性时，它们的系数就很难确定下来，并存在很大的方差。对某个变量得到非常大的正系数，若有一个变量与这个变量高度相关，那么这个正系数可以因为第二个变量的一个较大负系数而取消。为了解决这个问题，对系数的大小进行限制，如式（3.48）一样。Ridge 问题的解会随着变量的尺度而有不一样的方差，所以在求解之前，通常将输入数据标准化。另外，注意到截距 β_0 与惩罚项无关。对截距的惩罚会让整个过程依赖于 $\boldsymbol{Y}$ 的原点选择，也就是说，给 y_i 加上一个常数 c 会使得 y_i 的预测值不仅有一个常

数 c 的平移。

把每个 x_{ij} 都中心化之后（即把 x_{ij} 替换为 $x_{ij}-\overline{x}_j$），令 $\beta_0=\overline{y}=\frac{1}{N}\sum_i y_i$ 。剩下的系数则可以用 Ridge 回归法求得。那么此时 $\boldsymbol{X}$ 只有 p 列而不是 $p+1$ 列，把式（3.47）写成矩阵形式为

$$\mathrm{RSS}(\lambda)=(\boldsymbol{y}-\boldsymbol{X}\boldsymbol{\beta})^{\mathrm{T}}(\boldsymbol{y}-\boldsymbol{X}\boldsymbol{\beta})+\lambda\boldsymbol{\beta}^{\mathrm{T}}\boldsymbol{\beta} \tag{3.49}$$

则 Ridge 回归的解为

$$\hat{\boldsymbol{\beta}}^{\mathrm{ridge}}=(\boldsymbol{X}^{\mathrm{T}}\boldsymbol{X}+\lambda\boldsymbol{I})^{-1}\boldsymbol{X}\boldsymbol{y} \tag{3.50}$$

这里 $\boldsymbol{I}$ 是 $p\times p$ 单位矩阵。注意到有了二次多项式惩罚 $\boldsymbol{\beta}^{\mathrm{T}}\boldsymbol{\beta}$ ，Ridge 回归的解依然是关于 $\boldsymbol{y}$ 的一个线性函数。由于对 $\boldsymbol{X}^{\mathrm{T}}\boldsymbol{X}$ 矩阵求逆前加了一个正常数到对角线上，这让 $\boldsymbol{X}^{\mathrm{T}}\boldsymbol{X}$ 变成一个非奇异矩阵。

如果 $\boldsymbol{X}$ 是正交矩阵，那么 Ridge 估计给出的解就是原最小二乘估计解的一个系数收缩：

$$\hat{\boldsymbol{\beta}}^{\mathrm{ridge}}=\frac{\hat{\boldsymbol{\beta}}}{1+\lambda}$$

对中心化后的矩阵 $\boldsymbol{X}$ 进行奇异值分解，可以对 Ridge 回归法的本质有更深的了解。前面介绍过奇异值分解定理，对一个 $N\times p$ 矩阵 $\boldsymbol{X}$ 的奇异值分解如下：

$$\boldsymbol{X}=\boldsymbol{U}\boldsymbol{D}\boldsymbol{V}^{\mathrm{T}} \tag{3.51}$$

这里 $\boldsymbol{U}$ 和 $\boldsymbol{V}$ 分别是 $N\times p$ 和 $p\times p$ 正交矩阵，$\boldsymbol{U}$ 的列向量张成 $\boldsymbol{X}$ 的列空间，而 $\boldsymbol{V}$ 的列向量张成 $\boldsymbol{X}$ 的行空间。$\boldsymbol{D}$ 是 $p\times p$ 对角矩阵，对角线元素 $d_1\geqslant d_2\geqslant\cdots\geqslant d_p\geqslant 0$ 是 $\boldsymbol{X}$ 的奇异值。如果有一个或者更多的 $d_j=0$ ，则 $\boldsymbol{X}$ 是奇异矩阵。

用奇异值分解，可以将最小二乘拟合向量写成

$$\boldsymbol{X}\hat{\boldsymbol{\beta}}^{\mathrm{pls}}=\boldsymbol{X}(\boldsymbol{X}^{\mathrm{T}}\boldsymbol{X})^{-1}\boldsymbol{X}^{\mathrm{T}}\boldsymbol{y}=\boldsymbol{U}\boldsymbol{U}^{\mathrm{T}}\boldsymbol{y} \tag{3.52}$$

注意到 $\boldsymbol{U}^{\mathrm{T}}\boldsymbol{y}$ 是 $\boldsymbol{y}$ 关于标准正交基 $\boldsymbol{U}$ 的坐标。

此时 Ridge 解为

$$\begin{aligned} \boldsymbol{X}\hat{\boldsymbol{\beta}}^{\text{ridge}} &= \boldsymbol{X}(\boldsymbol{X}^{\mathrm{T}}\boldsymbol{X}+\lambda\boldsymbol{I})^{-1}\boldsymbol{X}^{\mathrm{T}}\boldsymbol{y} \\ &= \boldsymbol{UD}(\boldsymbol{D}^2+\lambda\boldsymbol{I})^{-1}\boldsymbol{DU}^{\mathrm{T}}\boldsymbol{y} \\ &= \sum_{j=1}^{p}\boldsymbol{u}_j\frac{d_j^2}{d_j^2+\lambda}\boldsymbol{u}_j^{\mathrm{T}}\boldsymbol{y} \end{aligned} \tag{3.53}$$

这里 $\boldsymbol{u}_j$ 是 $\boldsymbol{U}$ 的列向量。注意到由于 $\lambda \geqslant 0$，有 $\frac{d_j^2}{d_j^2+\lambda} \leqslant 1$。跟线性回归一样，Ridge 回归计算了 $\boldsymbol{y}$ 关于标准正交基 $\boldsymbol{U}$ 的坐标。于是所有的坐标值也随着因子 $\frac{d_j^2}{d_j^2+\lambda}$ 而收缩。这意味着收缩量最大的坐标值是在最小的 d_j^2 上。根据将在第 4 章讨论的奇异值分解的应用，中心化的矩阵 $\boldsymbol{X}$ 的奇异值分解是表达变量 $\boldsymbol{X}$ 的主成分的方式。由于输入变量的协方差矩阵可以写成 $\boldsymbol{S} = \frac{\boldsymbol{X}^{\mathrm{T}}\boldsymbol{X}}{N}$，则从式（3.51）推得

$$\boldsymbol{X}^{\mathrm{T}}\boldsymbol{X} = \boldsymbol{VD}^2\boldsymbol{V}^{\mathrm{T}} \tag{3.54}$$

这就是 $\boldsymbol{X}^{\mathrm{T}}\boldsymbol{X}$ 的特征分解（也是 $\boldsymbol{S}$ 的特征分解）。特征值 $\boldsymbol{v}_j$（$\boldsymbol{V}$ 的列向量）也被称为 $\boldsymbol{X}$ 的主成分方向。而第一个主成分方向 $\boldsymbol{v}_1$ 经过 $\boldsymbol{X}$ 变换后，向量 $\boldsymbol{z}_1 = \boldsymbol{Xv}_1$ 的方差是所有 $\boldsymbol{X}$ 的列向量的标准化线性组合中最大的。这个可以很容易根据以下式子证得：

$$\mathrm{Var}(\boldsymbol{z}_1) = \mathrm{Var}(\boldsymbol{Xv}_1) = \frac{d_1^2}{N} \tag{3.55}$$

这里 $\boldsymbol{z}_1 = \boldsymbol{Xv}_1 = \boldsymbol{u}_1 d_1$。$\boldsymbol{z}_1$ 被称为 $\boldsymbol{X}$ 的第一个主成分，于是 $\boldsymbol{u}_1$ 是标准化后的第一个主成分。而后续的主成分 $\boldsymbol{z}_j$ 跟前面的主成分正交，同时也有着最大方差（等于 $\frac{d_j^2}{N}$）。于是更小的奇异值对应的是 $\boldsymbol{X}$ 的列空间中一些方差很小的方向，而 Ridge 回归最大地收缩了这些方向。

最大的主成分是最大化投影数据方差的方向，而最小的主成分是最小化这个方差的方向。Ridge 回归法将 $\boldsymbol{y}$ 投影到这些主成分中，然后收缩低方差的主成分系数更甚于高方差的主成分系数。

图 3.5 显示的是一些二维数据点的主成分。如果用一个线性平面来拟合这个定义域，根据这些数据的特点，选择其梯度为长方向而不是短方向，才能得到更准确的梯度。Ridge 回归法则会尽量减小在短方向得到的梯度。这里潜在的假设是，因变量（输出变量）会倾向于在输入变量中最大方差的方向变化最大。这常常是一个合理的假设，研究一些预测因子也是由于它们随着因变量而变化。

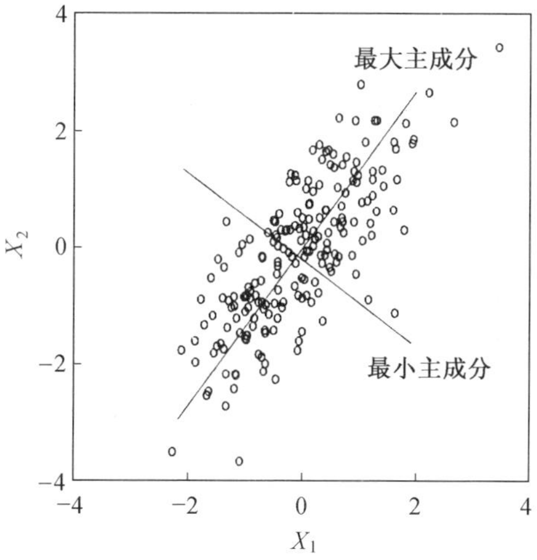

图 3.5　一些二维数据点的主成分

3.9　部分最小二乘法

部分最小二乘法构建了一组由原始输入数据构成的线性组合，再将其用作回归。输入数据的尺度将影响到结果，所以首先对输入数据 $\boldsymbol{X}$ 的每个列向量 $\boldsymbol{x}_j$ 进行标准化，使得其均值为 0，方差为 1。部分最小二乘法首先计算 $\boldsymbol{x}_j$ 到 $\boldsymbol{y}$ 的投影系数：

$$\hat{\phi}_{1,j} = \langle \boldsymbol{x}_j, \boldsymbol{y} \rangle$$

根据这个系数，可以构造输入数据如下：

$$\boldsymbol{z}_1 = \sum_j \hat{\phi}_{1,j} \boldsymbol{x}_j$$

这被称为第一个部分最小二乘方向。于是在构造 $\boldsymbol{z}_m$ 的过程中，输入数据都被加上了一个权重，这个权重是输入数据的单变量在 $\boldsymbol{y}$ 上的影响。输出 $\boldsymbol{y}$ 在 $\boldsymbol{z}_1$ 上回归，给出系数 $\hat{\theta}_1$，然后关于 $\boldsymbol{z}_1$ 正交化 $\boldsymbol{x}_1,\cdots,\boldsymbol{x}_p$。这个过程继续重复，直到 $M \leqslant p$ 个方向都构造出来。

通过以上构造，部分最小二乘法生成了一系列正交输入向量（方向）$\boldsymbol{z}_1,\boldsymbol{z}_2,\cdots,\boldsymbol{z}_M$。如果想构造所有的 $M = p$ 个方向，则得到一个等价于普通最小二乘法的估计解。如果构造 $M < p$ 个方向，则有一个降回归。这个过程在部分最小二乘法的算法里有完整的描述。

部分最小二乘法的算法步骤如下：

①对每个 $\boldsymbol{x}_j$ 标准化，使得其均值为 0，方差为 1。令 $\hat{\boldsymbol{y}}^{(0)} = \overline{\boldsymbol{y}}_1, \boldsymbol{x}_j^{(0)} = \boldsymbol{x}_j, j = 1,\cdots,p$。

②对 $m = 1,\cdots,p$，有

$$\boldsymbol{z}_m = \sum_{j=1}^{p} \hat{\phi}_{m,j} \boldsymbol{x}_j^{(m-1)}，\ 这里\ \hat{\phi}_{m,j} = \left\langle \boldsymbol{x}_j^{(m-1)}, \boldsymbol{y} \right\rangle$$

$$\hat{\theta}_m = \frac{\left\langle \boldsymbol{z}_m, \boldsymbol{y} \right\rangle}{\left\langle \boldsymbol{z}_m, \boldsymbol{z}_m \right\rangle}$$

$$\hat{\boldsymbol{y}}^{(m)} = \hat{\boldsymbol{y}}^{(m-1)} + \hat{\theta}_m \boldsymbol{z}_m$$

关于 $\boldsymbol{z}_m$ 正交化每个 $\boldsymbol{x}_j^{(m-1)}$：

$$\boldsymbol{x}_j^{(m)} = \boldsymbol{x}_j^{(m-1)} - \frac{\left\langle \boldsymbol{z}_m, \boldsymbol{x}_j^{(m-1)} \right\rangle}{\left\langle \boldsymbol{z}_m, \boldsymbol{z}_m \right\rangle} \boldsymbol{z}_m, \quad j = 1,\cdots,p$$

③输出拟合向量序列 $\{\hat{\boldsymbol{y}}^{(m)}\}_1^p$。由于 $\{\boldsymbol{z}_l\}_1^m$ 是关于 $\boldsymbol{x}_j$ 线性的，所以 $\hat{\boldsymbol{y}}^{(m)} = \boldsymbol{X}\hat{\boldsymbol{\beta}}^{\text{pls}}(m)$ 也是线性的（pls 在这里指部分最小二乘法的缩写），这些线性系数都可以从部分最小二乘法的变换中还原出来。

由于部分最小二乘法使用因变量 $\boldsymbol{y}$ 来构造输入数据的方向，因此其解的路径其实是 $\boldsymbol{y}$ 的一个非线性函数。可以证明部分最小二乘法寻求的方向是与因变量有高协方差和高相关性的。

第4章　奇异值分解和主成分分析

奇异值分解（SVD）和LU、QR分解一样，是应用很广的矩阵分解的方法。SVD的作用可以从三个不同角度去理解。第一，可以把它看成将相关的变量转换成不相关的变量，并揭示了原数据的方差关系；第二，SVD可以找到方差最大的维度，并将各个维度的方向按照方差大小排序。这两者都为第三种应用提供了基础，即可以用更少的维度去拟合原来的数据。因此SVD是一种降低数据维度的方法。本章将介绍SVD的理论和部分应用。

4.1　奇 异 向 量

现定义一个 $n\times d$ 维矩阵 $\boldsymbol{A}$ 的奇异向量（singular vectors），$n>d$。将 $\boldsymbol{A}$ 的行向量看作是 d 维空间的 n 个点，记为 a_i，$i=1,\cdots,n$。假设找到了一条通过原点的最佳拟合直线拟合这 n 个点，将这条直线上的单位向量记为 $\boldsymbol{v}$，则 a_i 投影到 $\boldsymbol{v}$ 上的长度为 $|a_i\times\boldsymbol{v}|$。那么这些投影长度的平方和为 $|\boldsymbol{A}\boldsymbol{v}|^2$。最佳拟合直线即满足最大化 $|\boldsymbol{A}\boldsymbol{v}|^2$，最小化每一个点到这条直线的距离平方和的直线。

奇异向量已广泛应用于研究现实复杂系统的不稳定性，以及与其相关的可预报性、集合预报和目标观测问题。

根据上面的推导，可定义矩阵 $\boldsymbol{A}$ 的奇异向量 $\boldsymbol{v}_1$ 为通过原点和 n 个点的最佳拟合直线方向的单位向量，即

$$\boldsymbol{v}_1=\operatorname{argmax}_{|\boldsymbol{v}|=1}|\boldsymbol{A}\boldsymbol{v}|$$

数值$\sigma_1(\boldsymbol{A}) = |\boldsymbol{A}\boldsymbol{v}_1|$称为矩阵 $\boldsymbol{A}$ 的第一个奇异值。注意到σ_1^2是 $\boldsymbol{A}$ 的行向量到直线 $\boldsymbol{v}_1$ 的投影长度的平方和。通过奇异向量可以寻找矩阵 $\boldsymbol{A}$ 的最佳拟合二维子空间，其中 $\boldsymbol{v}_1$ 是这个二维子空间的第一个基。对于任意包含 $\boldsymbol{v}_1$ 的二维子空间，所有向量投影于这个子空间的长度平方和等于其投影于 $\boldsymbol{v}_1$ 的长度平方和加上投影于与 $\boldsymbol{v}_1$ 正交方向的长度平方和。因此，与其寻找一个包含 $\boldsymbol{v}_1$ 的最佳二维子空间，不如寻找一个与 $\boldsymbol{v}_1$ 正交且能够最大化$|\boldsymbol{A}\boldsymbol{v}|^2$的单位向量 $\boldsymbol{v}_2$。使用同样的策略，可以找最佳拟合三维甚至更高维的子空间，从而有$\boldsymbol{v}_3,\boldsymbol{v}_4,\cdots$。虽然没有先验的证明可以保证这个算法能够给出最佳拟合，但实际上这个算法确实有效，并能给出任意维度的最佳拟合子空间。

第二个奇异向量 $\boldsymbol{v}_2$ 由以下表达式定义：

$$\boldsymbol{v}_2 = \text{argmax}_{\boldsymbol{v}\perp\boldsymbol{v}_1,|\boldsymbol{v}|=1} |\boldsymbol{A}\boldsymbol{v}|$$

数值$\sigma_2(\boldsymbol{A}) = |\boldsymbol{A}\boldsymbol{v}_2|$称为 $\boldsymbol{A}$ 的第二个奇异值。类似地，第三个奇异向量 $\boldsymbol{v}_3$ 定义为

$$\boldsymbol{v}_3 = \text{argmax}_{\substack{\boldsymbol{v}\perp\boldsymbol{v}_1,\boldsymbol{v}_2\\|\boldsymbol{v}|=1}} |\boldsymbol{A}\boldsymbol{v}|$$

如此重复。求得奇异向量$\boldsymbol{v}_1,\boldsymbol{v}_2,\cdots,\boldsymbol{v}_r$，且

$$\text{argmax}_{\substack{\boldsymbol{v}\perp\boldsymbol{v}_1,\boldsymbol{v}_2,\cdots,\boldsymbol{v}_r\\|\boldsymbol{v}|=1}} |\boldsymbol{A}\boldsymbol{v}| = \boldsymbol{0}$$

既然以上算法并非通过最大化$|\boldsymbol{A}\boldsymbol{v}|$找到 $\boldsymbol{v}_1$，然后找到包含 $\boldsymbol{v}_1$ 的最佳拟合的二维子空间，那么所找到的最佳子空间是否是最优解呢？下面简单地证明这个算法确实能求得任意维度的最佳拟合子空间。

【定理 4.1】 $\boldsymbol{A}$ 是 $n\times d$ 的矩阵，其中$\boldsymbol{v}_1,\boldsymbol{v}_2,\cdots,\boldsymbol{v}_r$是如上定义的奇异向量。对于$1\leqslant k\leqslant r$，令 V_k 为$\boldsymbol{v}_1,\boldsymbol{v}_2,\cdots,\boldsymbol{v}_k$张成的子空间，则对每一个 k，V_k 是矩阵 $\boldsymbol{A}$ 的最佳拟合 k 维子空间。

证明：对于 $k=1$ 的情形定理显然成立。当 $k=2$ 时，令 W 为矩阵 $\boldsymbol{A}$ 的最佳拟合二维子空间。任意选取 W 上的一组基$\boldsymbol{w}_1,\boldsymbol{w}_2$，$|\boldsymbol{A}\boldsymbol{w}_1|^2+|\boldsymbol{A}\boldsymbol{w}_2|^2$是矩阵 $\boldsymbol{A}$ 的行向量投影到子空间 W 的投影长度平方和。现在可以选择一组基$\boldsymbol{w}_1,\boldsymbol{w}_2$，使得 $\boldsymbol{w}_2$ 与 $\boldsymbol{v}_1$ 正交。如果 $\boldsymbol{v}_1$ 与 W 正交，W 上的任意单位向量都与 $\boldsymbol{v}_1$ 正交。否则，选择 $\boldsymbol{w}_2$ 为 W 上的单位向

量，并与 $\boldsymbol{v}_1$ 在 W 的投影正交。由于 $\boldsymbol{v}_1$ 最大化 $|\boldsymbol{A}\boldsymbol{v}_1|^2$，因此 $|\boldsymbol{A}\boldsymbol{w}_1|^2 \leqslant |\boldsymbol{A}\boldsymbol{v}_1|^2$。而由于 $\boldsymbol{v}_2$ 是与 $\boldsymbol{v}_1$ 正交并最大化 $|\boldsymbol{A}\boldsymbol{v}_2|^2$ 的单位向量，因此有

$$|\boldsymbol{A}\boldsymbol{w}_2|^2 \leqslant |\boldsymbol{A}\boldsymbol{v}_2|^2$$

所以

$$|\boldsymbol{A}\boldsymbol{w}_1|^2 + |\boldsymbol{A}\boldsymbol{w}_2|^2 \leqslant |\boldsymbol{A}\boldsymbol{v}_1|^2 + |\boldsymbol{A}\boldsymbol{v}_2|^2$$

因此 V_2 至少是和 W 一样的最佳拟合二维子空间。

用归纳法，假设对于 $k-1$ 的情形定理也成立，那么 V_{k-1} 是最佳拟合 $k-1$ 维子空间。假设 W 是最佳拟合 k 维子空间。选择 W 的一组基 $\boldsymbol{w}_1, \boldsymbol{w}_2, \cdots, \boldsymbol{w}_k$，使得 $\boldsymbol{w}_k$ 与 $\boldsymbol{v}_1, \boldsymbol{v}_2, \cdots, \boldsymbol{v}_{k-1}$ 正交。则有

$$\left|\boldsymbol{A}\boldsymbol{w}_1\right|^2 + \left|\boldsymbol{A}\boldsymbol{w}_2\right|^2 + \cdots + \left|\boldsymbol{A}\boldsymbol{w}_k\right|^2 \leqslant \left|\boldsymbol{A}\boldsymbol{v}_1\right|^2 + \left|\boldsymbol{A}\boldsymbol{v}_2\right|^2 + \cdots + \left|\boldsymbol{A}\boldsymbol{v}_{k-1}\right|^2 + \left|\boldsymbol{A}\boldsymbol{w}_k\right|^2$$

这证明了 V_k 是最优解。

注意到 $|\boldsymbol{A}\boldsymbol{v}_i|$ 是 $\boldsymbol{A}$ 的行向量投影到 $\boldsymbol{v}_i$ 的长度，可以把 $\sigma_i(\boldsymbol{A}) = |\boldsymbol{A}\boldsymbol{v}_i|$ 看作矩阵 $\boldsymbol{A}$ 沿着 $\boldsymbol{v}_i$ 方向的“成分”。如果这个解释合理的话，那么 $\boldsymbol{A}$ 沿着每个 $\boldsymbol{v}_i$ 的成分平方和将会等于矩阵 $\boldsymbol{A}$ 的“所有内容”。事实确实如此，类似于向量沿着正交方向分解的矩阵形式。

考虑矩阵 $\boldsymbol{A}$ 的一行用 $\boldsymbol{a}_j$ 表示。由于 $\boldsymbol{v}_1, \boldsymbol{v}_2, \cdots, \boldsymbol{v}_r$ 张成了 $\boldsymbol{A}$ 的所有行，所以 $\boldsymbol{a}_j \cdot \boldsymbol{v} = 0$ 对任意 $\boldsymbol{v} = \boldsymbol{v}_1, \boldsymbol{v}_2, \cdots, \boldsymbol{v}_r$ 成立，如此对每一行 $\boldsymbol{a}_j$，有 $\sum_{i=1}^{r}(\boldsymbol{a}_j, \boldsymbol{v}_i)^2 = |\boldsymbol{a}_j|^2$，对所有行求和得

$$\begin{aligned}
\sum_{j=1}^{n}\left|\boldsymbol{a}_j\right|^2 &= \sum_{j=1}^{n}\sum_{i=1}^{r}(\boldsymbol{a}_j \cdot \boldsymbol{v}_i)^2 \\
&= \sum_{i=1}^{r}\sum_{j=1}^{n}(\boldsymbol{a}_j \cdot \boldsymbol{v}_i)^2 \\
&= \sum_{i=1}^{r}\left|\boldsymbol{A}\boldsymbol{v}_i\right|^2 \\
&= \sum_{i=1}^{r}\sigma_i^2(\boldsymbol{A})
\end{aligned}$$

但是$\sum_{j=1}^{n}\left|\boldsymbol{a}_j\right|^2=\sum_{j=1}^{n}\sum_{k=1}^{d}a_{jk}^2$，即 $\boldsymbol{A}$ 的所有元素的平方和。因此矩阵 $\boldsymbol{A}$ 的奇异值的平方和等于"$\boldsymbol{A}$ 的所有内容"的平方和，即所有元素的平方和。有一个范数与此有关，叫弗罗贝尼乌斯范数，用$\|\boldsymbol{A}\|_{\mathrm{F}}$表示，定义为

$$\|\boldsymbol{A}\|_{\mathrm{F}}=\sum_{j,k}a_{jk}^2$$

【引理 4.2】对任意矩阵 $\boldsymbol{A}$，奇异值的平方和等于弗罗贝尼乌斯范数，即

$$\sum_{i}\sigma_i^2(\boldsymbol{A})=\|\boldsymbol{A}\|_{\mathrm{F}}$$

证明：由前面的讨论可证明。

由于每个向量 $\boldsymbol{v}$ 可以由 $\boldsymbol{v}_1,\boldsymbol{v}_2,\cdots,\boldsymbol{v}_r$ 的线性组合来表示，则 $\boldsymbol{A}\boldsymbol{v}$ 是 $\boldsymbol{A}\boldsymbol{v}_1,\boldsymbol{A}\boldsymbol{v}_2,\cdots,\boldsymbol{A}\boldsymbol{v}_r$ 的线性组合，因此 $\boldsymbol{A}\boldsymbol{v}_1,\boldsymbol{A}\boldsymbol{v}_2,\cdots,\boldsymbol{A}\boldsymbol{v}_r$ 形成了与 $\boldsymbol{A}$ 关联的一组基本集合。将每个 $\boldsymbol{A}\boldsymbol{v}_i$ 标准化为单位向量：

$$\boldsymbol{u}_i=\frac{1}{\sigma_i(\boldsymbol{A})}\boldsymbol{A}\boldsymbol{v}_i$$

则向量 $\boldsymbol{u}_1,\boldsymbol{u}_2,\cdots,\boldsymbol{u}_r$ 称为矩阵 $\boldsymbol{A}$ 的左奇异向量；$\boldsymbol{v}_i$ 称为矩阵 $\boldsymbol{A}$ 的右奇异向量。后面介绍的奇异向量分解定理会解释这些项的命名理由。

显然，右奇异向量是正交的，现在证明左奇异向量也是正交的，并且

$$\boldsymbol{A}=\sum_{i=1}^{r}\sigma_i\boldsymbol{u}_i\boldsymbol{v}_i^{\mathrm{T}}$$

【定理 4.3】$\boldsymbol{A}$ 是一个秩为 r 的矩阵。其左奇异向量 $\boldsymbol{u}_1,\boldsymbol{u}_2,\cdots,\boldsymbol{u}_r$ 是正交的。

证明：用归纳法。对于 $r=1$ 的情况，只有一个 $\boldsymbol{u}_1$，所以定理显然成立。构造矩阵

$$\boldsymbol{B}=\boldsymbol{A}-\sigma_1\boldsymbol{u}_1\boldsymbol{v}_1^{\mathrm{T}}$$

首先观察 $\boldsymbol{B}\boldsymbol{v}_1=\boldsymbol{A}\boldsymbol{v}_1-\sigma_1\boldsymbol{u}_1\boldsymbol{v}_1^{\mathrm{T}}\boldsymbol{v}_1=\boldsymbol{0}$，$\boldsymbol{B}$ 的第一个右奇异向量称为 $\boldsymbol{z}$，是与 $\boldsymbol{v}_1$ 正交的，因为假如 $\boldsymbol{z}$ 在 $\boldsymbol{v}_1$ 方向有一个成分 $\boldsymbol{z}_1$，则

$$\left|\boldsymbol{B}\frac{z-z_1}{|z-z_1|}\right|=\frac{|\boldsymbol{B}z|}{|z-z_1|}>|\boldsymbol{B}z|$$

与 $\boldsymbol{z}$ 的定义矛盾。对任意 $\boldsymbol{v}$ 与 $\boldsymbol{v}_1$ 正交，$\boldsymbol{B}\boldsymbol{v}=\boldsymbol{A}\boldsymbol{v}$，如此，$\boldsymbol{B}$ 的首个奇异向量正好是 $\boldsymbol{A}$ 的第二个奇异向量。重复这个过程可以证明对 $\boldsymbol{B}$ 进行奇异向量求解的算法等价于对 $\boldsymbol{A}$ 的第二个到后面的奇异向量求解。如此，通过 $\boldsymbol{B}$ 可以找到右奇异向量 $\boldsymbol{v}_2,\boldsymbol{v}_3,\cdots,\boldsymbol{v}_r$ 和对应的左奇异向量 $\boldsymbol{u}_2,\boldsymbol{u}_3,\cdots,\boldsymbol{u}_r$。由归纳法得知，$\boldsymbol{u}_2,\boldsymbol{u}_3,\cdots,\boldsymbol{u}_r$ 是正交的。剩下的就是证明 $\boldsymbol{u}_1$ 与其他 $\boldsymbol{u}_i$ 正交。假设不正交，那么对于某个 $i\geqslant 2$，$\boldsymbol{u}_1^{\mathrm{T}}\boldsymbol{u}_i\neq 0$。不失一般性，假设 $\boldsymbol{u}_1^{\mathrm{T}}\boldsymbol{u}_i>0$，$\boldsymbol{u}_1^{\mathrm{T}}\boldsymbol{u}_i<0$ 的情况证明同理。现在，对于足够小的 $\varepsilon>0$，向量

$$\boldsymbol{A}\left(\frac{\boldsymbol{v}_1+\varepsilon\boldsymbol{v}_i}{|\boldsymbol{v}_1+\varepsilon\boldsymbol{v}_i|}\right)=\frac{\sigma_1\boldsymbol{u}_1+\varepsilon\sigma_i\boldsymbol{u}_i}{\sqrt{1+\varepsilon^2}}$$

长度至少大于 $\boldsymbol{u}_1$ 方向的成分，即

$$\boldsymbol{u}_1^{\mathrm{T}}\left(\frac{\sigma_1\boldsymbol{u}_1+\varepsilon\sigma_i\boldsymbol{u}_i}{\sqrt{1+\varepsilon^2}}\right)=\left(\sigma_1+\varepsilon\sigma_i\boldsymbol{u}_1^{\mathrm{T}}\boldsymbol{u}_i\right)\left(1-\varepsilon^2+O(\varepsilon^4)\right)=\sigma_1+\varepsilon\sigma_i\boldsymbol{u}_1^{\mathrm{T}}\boldsymbol{u}_i-O(\varepsilon^2)>\sigma_1$$

矛盾。因此 $\boldsymbol{u}_1,\boldsymbol{u}_2,\cdots,\boldsymbol{u}_r$ 是正交的。

4.2 奇异值分解

特征值分解是一个提取矩阵很不错的方法，但它只适用于方阵。而在实际生活中，大部分矩阵都不是方阵。例如，有 M 个学生，每个学生有 N 科成绩，这样形成一个 $M\times N$ 矩阵就不是方阵。那怎样来描述这样一般矩阵的重要特征呢？奇异值分解是能对任意矩阵进行分解的一种方法。

奇异值分解在计算广义逆矩阵、主成分分析和相关性分析中都有广泛应用，都可以分解为三个矩阵的乘积 $\boldsymbol{A}=\boldsymbol{SVD}$。从直观上讲，$\boldsymbol{S}$ 和 $\boldsymbol{D}$ 可视为旋转操作，$\boldsymbol{V}$ 可视为缩放操作。因此奇异值分解的含义就是，若将矩阵看作一个变换，那么任何这样的变换可以看作是两个旋转和一个缩放变换的复合。

下面具体介绍奇异值分解。

令 $\boldsymbol{A}$ 为 $n\times d$ 的矩阵，奇异向量是 $\boldsymbol{v}_1,\boldsymbol{v}_2,\cdots,\boldsymbol{v}_r$，对应的奇异值是 $\sigma_1,\sigma_2,\cdots,\sigma_r$。则 $\boldsymbol{u}_i=\frac{1}{\sigma_1}\boldsymbol{A}\boldsymbol{v}_i$ 是左奇异向量，$i=1,2,\cdots,r$。下面证明矩阵 $\boldsymbol{A}$ 可以分解成 r 个秩为 1 的矩阵的和：

$$\sum_{i=1}^{r}\sigma_i\boldsymbol{u}_i\boldsymbol{v}_i^{\mathrm{T}}$$

先证明一个简单的引理，该引理论述了矩阵 $\boldsymbol{A}$ 和 $\boldsymbol{B}$ 相同，当且仅当 $\boldsymbol{A}\boldsymbol{v}=\boldsymbol{B}\boldsymbol{v}$ 对任意向量 $\boldsymbol{v}$ 成立。也就是说，可以把一个矩阵看作是一个把向量 $\boldsymbol{v}$ 映射到 $\boldsymbol{A}\boldsymbol{v}$ 的映射。

【引理 4.4】两个 $n\times d$ 的矩阵 $\boldsymbol{A}$ 和 $\boldsymbol{B}$ 相等，当且仅当 $\boldsymbol{A}\boldsymbol{v}=\boldsymbol{B}\boldsymbol{v}$ 对任意向量 $\boldsymbol{v}\in\mathbf{R}^d$ 成立。

证明：显然，如果 $\boldsymbol{A}=\boldsymbol{B}$，则 $\boldsymbol{A}\boldsymbol{v}=\boldsymbol{B}\boldsymbol{v}$，对任意向量 $\boldsymbol{v}\in\mathbf{R}^d$ 成立。

反过来，假设对任意 $\boldsymbol{v}\in\mathbf{R}^d$ 都有 $\boldsymbol{A}\boldsymbol{v}=\boldsymbol{B}\boldsymbol{v}$。令 $\boldsymbol{e}_i$ 为标准基，即除了第 i 个元素为 1 以外其他元素都是 0。如此 $\boldsymbol{A}\boldsymbol{e}_i$ 是 $\boldsymbol{A}$ 的第 i 列。$\boldsymbol{A}\boldsymbol{e}_i=\boldsymbol{B}\boldsymbol{e}_i$ 表明两个矩阵的每一列相同。因此 $\boldsymbol{A}=\boldsymbol{B}$。

【定理 4.5】令 $\boldsymbol{A}$ 为 $n\times d$ 的矩阵，$\boldsymbol{v}_1,\boldsymbol{v}_2,\cdots,\boldsymbol{v}_r$；$\boldsymbol{u}_1,\boldsymbol{u}_2,\cdots,\boldsymbol{u}_r$ 和 $\sigma_1,\sigma_2,\cdots,\sigma_r$ 分别是 $\boldsymbol{A}$ 的右奇异向量、左奇异向量和相应的奇异值，则

$$\boldsymbol{A}=\sum_{i=1}^{r}\sigma_i\boldsymbol{u}_i\boldsymbol{v}_i^{\mathrm{T}}$$

证明：对每个奇异向量 $\boldsymbol{v}_j$，$\boldsymbol{A}\boldsymbol{v}_j=\sum_{i=1}^{r}\sigma_i\boldsymbol{u}_i\boldsymbol{v}_i^{\mathrm{T}}\boldsymbol{v}_j$。由于每个向量 $\boldsymbol{v}$ 可以表示为奇异向量的线性组合加上一个与 $\boldsymbol{v}_i$ 正交的向量，因此

$$\boldsymbol{A}\boldsymbol{v}=\sum_{i=1}^{r}\sigma_i\boldsymbol{u}_i\boldsymbol{v}_i^{\mathrm{T}}\boldsymbol{v}$$

由引理 4.4 可以得到

$$\boldsymbol{A}=\sum_{i=1}^{r}\sigma_i\boldsymbol{u}_i\boldsymbol{v}_i^{\mathrm{T}}$$

其中，$\boldsymbol{A}$ 的右奇异向量即为 $\boldsymbol{A}^{\mathrm{T}}\boldsymbol{A}$ 的标准正交特征向量，$\boldsymbol{A}$ 的左奇异向量即为 $\boldsymbol{A}\boldsymbol{A}^{\mathrm{T}}$ 的标准正交特征向量，$\boldsymbol{A}^{\mathrm{T}}\boldsymbol{A}$ 的特征值是 λ_i，则 $\sigma_i=\sqrt{\lambda_i}$。

这个分解称为 $\boldsymbol{A}$ 的奇异值分解，即矩阵 $\boldsymbol{A}$ 的奇异值分解为

$$\boldsymbol{A}=\boldsymbol{U}\boldsymbol{D}\boldsymbol{V}^{\mathrm{T}}=\sum_{i=1}^{r}\sigma_i\boldsymbol{u}_i\boldsymbol{v}_i^{\mathrm{T}}$$

其中，$\boldsymbol{U}$ 和 $\boldsymbol{V}$ 的列向量分别为 $\boldsymbol{A}$ 的左右奇异向量；$\boldsymbol{D}$ 是对角线为 $\boldsymbol{A}$ 的奇异值的对角矩阵。

对任何矩阵 $\boldsymbol{A}$，奇异值序列是唯一的。而且，如果奇异值各异，则奇异向量序列也是唯一的。然而，若有一些奇异值相同，那么相应的奇异向量张成某个子空间，而这个子空间的任何一组正交标准基都可以用作奇异向量。

【例 4.1】设矩阵 $\boldsymbol{A}=\begin{pmatrix}1&0&1\\0&1&1\\0&0&0\end{pmatrix}$，试求 $\boldsymbol{A}$ 的奇异值分解。

解：$\boldsymbol{A}^{\mathrm{T}}\boldsymbol{A}=\begin{pmatrix}1&0&1\\0&1&1\\1&1&2\end{pmatrix}$的特征值为 $\lambda_1=3$，$\lambda_2=1$，$\lambda_3=0$，对应的特征向量分别是

$$\boldsymbol{x}_1=\begin{pmatrix}1\\1\\2\end{pmatrix},\quad \boldsymbol{x}_2=\begin{pmatrix}1\\-1\\0\end{pmatrix},\quad \boldsymbol{x}_3=\begin{pmatrix}1\\1\\-1\end{pmatrix}$$

从而正交矩阵

$$\boldsymbol{V}=\begin{pmatrix}\frac{1}{\sqrt{6}}&\frac{1}{\sqrt{2}}&\frac{1}{\sqrt{3}}\\\frac{1}{\sqrt{6}}&-\frac{1}{\sqrt{2}}&\frac{1}{\sqrt{3}}\\\frac{2}{\sqrt{6}}&0&-\frac{1}{\sqrt{3}}\end{pmatrix}$$

以及

$$r(\boldsymbol{A})=2,\quad \boldsymbol{\Sigma}=\begin{pmatrix}\sqrt{3} & 0\\ 0 & 1\end{pmatrix},\quad \boldsymbol{V}_1=\begin{pmatrix}\frac{1}{\sqrt{6}} & \frac{1}{\sqrt{2}}\\ \frac{1}{\sqrt{6}} & -\frac{1}{\sqrt{2}}\\ -\frac{1}{\sqrt{6}} & 0\end{pmatrix}$$

计算

$$\boldsymbol{U}_1=\boldsymbol{A}\boldsymbol{V}_1\boldsymbol{\Sigma}^{-1}=\begin{pmatrix}\frac{1}{\sqrt{2}} & \frac{1}{\sqrt{2}}\\ \frac{1}{\sqrt{2}} & -\frac{1}{\sqrt{2}}\\ 0 & 0\end{pmatrix}$$

构造

$$\boldsymbol{U}_0=\begin{pmatrix}0\\0\\1\end{pmatrix},\quad \boldsymbol{U}=(\boldsymbol{U}_1,\boldsymbol{U}_2)=\begin{pmatrix}\frac{1}{\sqrt{2}} & \frac{1}{\sqrt{2}} & 0\\ \frac{1}{\sqrt{2}} & -\frac{1}{\sqrt{2}} & 0\\ 0 & 0 & 1\end{pmatrix}$$

$\boldsymbol{A}$ 的奇异值分解为

$$\boldsymbol{A}=\begin{pmatrix}\frac{1}{\sqrt{2}} & \frac{1}{\sqrt{2}} & 0\\ \frac{1}{\sqrt{2}} & -\frac{1}{\sqrt{2}} & 0\\ 0 & 0 & 1\end{pmatrix}\begin{pmatrix}\sqrt{3} & 0 & 0\\ 0 & 1 & 0\\ 0 & 0 & 0\end{pmatrix}\begin{pmatrix}\frac{1}{\sqrt{6}} & \frac{1}{\sqrt{6}} & \frac{2}{\sqrt{6}}\\ \frac{1}{\sqrt{2}} & -\frac{1}{\sqrt{2}} & 0\\ \frac{1}{\sqrt{3}} & \frac{1}{\sqrt{3}} & -\frac{1}{\sqrt{3}}\end{pmatrix}$$

4.3　最佳 k 秩近似

有两个重要的矩阵范数，分别是弗罗贝尼乌斯范数 $\|\boldsymbol{A}\|_F$ 和 2-范数（即欧几里得距离）$\|\boldsymbol{A}\|_2$。矩阵 $\boldsymbol{A}$ 的 2-范数可以由

$$\|A\|_2 = \max_{|v|=1}|Av|$$

求得，而这个范数等于矩阵 A 的最大奇异值。

令 A 为 $n\times d$ 的矩阵，把 A 的行看作 d 维空间上的 n 个点。A 的弗罗贝尼乌斯范数则是这 n 个点到原点距离平方和的平方根。而 2−范数则是这 n 个点投影到一个方向，使得到原点距离平方和的平方根最大的那个值。

令 $A=\sum_{i=1}^{r}\sigma_i u_i v_i^{\mathrm{T}}$ 为 A 的奇异值分解。对 $k\in\{1,2,\cdots,r\}$，令 $A_k=\sum_{i=1}^{k}\sigma_i u_i v_i^{\mathrm{T}}$ 为前 k 项的和。很显然 A_k 的秩为 k。而且，当选取误差标准为 2−范数或者弗罗贝尼乌斯范数时，A_k 是最佳近似 A 的秩为 k 的矩阵（简称为最佳 k 秩近似）。

【引理 4.6】 矩阵 A_k 的行是矩阵 A 的行在子空间 V_k 的投影，其中 V_k 是由 A 的前 k 个奇异向量张成的。

证明：令 a 是 A 的任意一个行向量。由于 v_i 是正交的，a 投影到子空间 V_k 可以表示为 $\sum_{i=1}^{k}(a\cdot v_i)v_i^{\mathrm{T}}$。因此，由矩阵 A 的行向量投影到 V_k 的向量组成的矩阵是 $\sum_{i=1}^{k}Av_iv_i^{\mathrm{T}}$。这个表达式可以简化为

$$\sum_{i=1}^{k}Av_iv_i^{\mathrm{T}}=\sum_{i=1}^{k}\sigma_i u_i v_i^{\mathrm{T}}=A_k$$

无论是用弗罗贝尼乌斯范数还是 2−范数，矩阵 A_k 都是矩阵 A 的最佳 k 秩近似。

首先证明 A_k 在弗罗贝尼乌斯范数下是 A 的最佳 k 秩近似。

【定理 4.7】 令 B 为任意秩不大于 k 的 $n\times d$ 矩阵，A 为 $n\times d$ 矩阵，A_k 为 2−范数下对 A 的最佳 k 秩近似矩阵，则有 $\|A-A_k\|_{\mathrm{F}}\leqslant\|A-B\|_{\mathrm{F}}$。

证明：令 B 是最小化 $\|A-B\|_{\mathrm{F}}^2$ 的秩不大于 k 的矩阵，令 V 为矩阵 B 的行向量张成的空间 V，则 V 的维度最多为 k。

由于 B 最小化 $\|A-B\|_{\mathrm{F}}^2$，B 的每一行向量一定是 A 对应的行向量在 V 上的投影。否则，若将 B 的行向量替换为 A 对应的行向量在 V 上的投影，不会改变 B 的秩，但却会减小 $\|A-B\|_{\mathrm{F}}^2$。

由于 B 的每一行都是 A 的行向量的投影，可以推出 $\|A-B\|_{\mathrm{F}}^2$ 是 A 的行向量到空

间 V 的距离的平方和。而 $\boldsymbol{A}_k$ 是最小化 $\boldsymbol{A}$ 的行向量到任何 k 维子空间的距离平方和，因此 $\|\boldsymbol{A}-\boldsymbol{A}_k\|_F \leqslant \|\boldsymbol{A}-\boldsymbol{B}\|_F$ 。

下面讨论 2-范数下的情况。首先证明 $\|\boldsymbol{A}-\boldsymbol{A}_k\|_2^2$ 等于 $\boldsymbol{A}$ 的第 $k+1$ 个奇异值的平方。

【引理 4.8】 $\|\boldsymbol{A}-\boldsymbol{A}_k\|_2^2=\sigma_{k+1}^2$ 。

证明：令 $\boldsymbol{A}=\sum\limits_{i=1}^{r}\sigma_i\boldsymbol{u}_i\boldsymbol{v}_i^{\mathrm{T}}$ 为矩阵 $\boldsymbol{A}$ 的奇异值分解，则 $\boldsymbol{A}_k=\sum\limits_{i=1}^{k}\sigma_i\boldsymbol{u}_i\boldsymbol{v}_i^{\mathrm{T}}$ 并且 $\boldsymbol{A}-\boldsymbol{A}_k=\sum\limits_{i=k+1}^{r}\sigma_i\boldsymbol{u}_i\boldsymbol{v}_i^{\mathrm{T}}$ 。

令 $\boldsymbol{v}$ 为 $\boldsymbol{A}-\boldsymbol{A}_k$ 的首个奇异向量。将 $\boldsymbol{v}$ 表达为 $\boldsymbol{v}_1,\boldsymbol{v}_2,\cdots,\boldsymbol{v}_r$ 的线性组合。也就是说，$\boldsymbol{v}=\sum\limits_{i=1}^{r}\alpha_i\boldsymbol{v}_i$ ，则

$$
\begin{aligned}
\left|(\boldsymbol{A}-\boldsymbol{A}_k)\boldsymbol{v}\right| &= \left|\sum_{i=k+1}^{r}\sigma_i\boldsymbol{u}_i\boldsymbol{v}_i^{\mathrm{T}}\sum_{j=1}^{r}\alpha_j\boldsymbol{v}_j\right| \\
&= \left|\sum_{i=k+1}^{r}\alpha_i\sigma_i\boldsymbol{u}_i\boldsymbol{v}_i^{\mathrm{T}}\boldsymbol{v}_i\right| \\
&= \left|\sum_{i=k+1}^{r}\alpha_i\sigma_i\boldsymbol{u}_i\right| \\
&= \sqrt{\sum_{i=k+1}^{r}\alpha_i^2\sigma_i^2}
\end{aligned}
$$

当 $\alpha_{k+1}=1$ 时，其他 α_i 都为 0，$\boldsymbol{v}$ 最大化了以上表达式，满足限制条件 $|\boldsymbol{v}|^2=\sum\limits_{i=1}^{r}\alpha_i^2=1$ 。如此 $\|\boldsymbol{A}-\boldsymbol{A}_k\|_2^2=\sigma_{k+1}^2$ 。

接下来证明 $\boldsymbol{A}_k$ 是在 2-范数情况下的 $\boldsymbol{A}$ 的最佳 k 秩近似。

【定理 4.9】 令 $\boldsymbol{A}$ 为 $n\times d$ 矩阵，对任何秩不超过 k 的 $n\times d$ 的矩阵 $\boldsymbol{B}$，有 $\|\boldsymbol{A}-\boldsymbol{A}_k\|_2 \leqslant \|\boldsymbol{A}-\boldsymbol{B}\|_2$ 。

证明：如果 $\boldsymbol{A}$ 的秩不超过 k，定理明显成立，因为 $\|\boldsymbol{A}-\boldsymbol{A}_k\|_2=0$ 。

假设 $\boldsymbol{A}$ 的秩大于 k，根据引理 4.8，有

$$\|\boldsymbol{A}-\boldsymbol{A}_k\|_2^2=\sigma_{k+1}^2$$

假设存在秩不超过 k 的矩阵 $\boldsymbol{B}$，使得 $\boldsymbol{B}$ 是一个比 $\boldsymbol{A}_k$ 更好的近似矩阵，即

$$\|\boldsymbol{A}-\boldsymbol{B}\|_2<\sigma_{k+1}$$

零空间 $\mathrm{Null}(\boldsymbol{B})=\{\boldsymbol{v}:\boldsymbol{B}\boldsymbol{v}=0\}$ 的维度至少是 $d-k$ 。令 $\boldsymbol{v}_1,\boldsymbol{v}_2,\cdots,\boldsymbol{v}_{k+1}$ 为 $\boldsymbol{A}$ 的前 $k+1$ 个奇异向量，因此存在一个 $\boldsymbol{z}\neq\boldsymbol{0}$ 在空间

$$\mathrm{Null}(\boldsymbol{B})\cap\mathrm{span}\{\boldsymbol{v}_1,\boldsymbol{v}_2,\cdots,\boldsymbol{v}_{k+1}\}$$

将 $\boldsymbol{z}$ 化为一个单位向量，满足 $|\boldsymbol{z}|=1$ 。现在证明对 $\boldsymbol{z}\in\mathrm{span}\{\boldsymbol{v}_1,\boldsymbol{v}_2,\cdots,\boldsymbol{v}_{k+1}\}$ ，有 $(\boldsymbol{A}-\boldsymbol{B})\boldsymbol{z}\geqslant\sigma_{k+1}$ ，因此 $\boldsymbol{A}-\boldsymbol{B}$ 的 2-范数不小于 σ_{k+1} ，与假设 $\|\boldsymbol{A}-\boldsymbol{B}\|_2<\sigma_{k+1}$ 矛盾。

首先

$$\|\boldsymbol{A}-\boldsymbol{B}\|_2^2\geqslant|(\boldsymbol{A}-\boldsymbol{B})\boldsymbol{z}|^2$$

因为 $\boldsymbol{B}\boldsymbol{z}=0$，所以

$$\|\boldsymbol{A}-\boldsymbol{B}\|_2^2\geqslant|\boldsymbol{A}\boldsymbol{z}|^2$$

又因为 $\boldsymbol{z}\in\mathrm{span}\{\boldsymbol{v}_1,\boldsymbol{v}_2,\cdots,\boldsymbol{v}_{k+1}\}$，且

$$\begin{aligned}
\left|\boldsymbol{A}\boldsymbol{z}\right|^2&=\left|\sum_{i=1}^{n}\sigma_i\boldsymbol{u}_i\boldsymbol{v}_i^{\mathrm{T}}\boldsymbol{z}\right|^2\\
&=\sum_{i=1}^{n}\sigma_i^2(\boldsymbol{v}_i^{\mathrm{T}}\boldsymbol{z})^2\\
&=\sum_{i=1}^{k+1}\sigma_i^2(\boldsymbol{v}_i^{\mathrm{T}}\boldsymbol{z})^2\\
&\geqslant\sigma_{k+1}^2\sum_{i=1}^{k+1}(\boldsymbol{v}_i^{\mathrm{T}}\boldsymbol{z})^2\\
&=\sigma_{k+1}
\end{aligned}$$

于是可以推出

$$\|\boldsymbol{A}-\boldsymbol{B}\|_2^2\geqslant\sigma_{k+1}^2$$

与假设 $\|\boldsymbol{A}-\boldsymbol{B}\|_2<\sigma_{k+1}$ 矛盾。证明完毕。

4.4 谱 分 解

令 $\boldsymbol{B}$ 是一个方阵。如果向量 $\boldsymbol{x}$ 和标量 λ 使得 $\boldsymbol{Bx}=\lambda\boldsymbol{x}$，则 $\boldsymbol{x}$ 是矩阵 $\boldsymbol{B}$ 的一个特征向量，λ 是一个对应的特征值。本节提供一个特殊情况下的谱分解定理，此时 $\boldsymbol{B}=\boldsymbol{AA}^{\mathrm{T}}$，$\boldsymbol{A}$ 是某个矩阵。如果 $\boldsymbol{A}$ 是一个实矩阵，则 $\boldsymbol{B}$ 是正定对称矩阵，即 $\boldsymbol{x}^{\mathrm{T}}\boldsymbol{Bx}>\boldsymbol{0}$，对任何向量 $\boldsymbol{x}\neq\boldsymbol{0}$。谱分解定理对更一般的矩阵也适用。

【定理 4.10】（谱分解）如果 $\boldsymbol{B}=\boldsymbol{AA}^{\mathrm{T}}$，则 $\boldsymbol{B}=\sum_i\sigma_i^2\boldsymbol{u}_i\boldsymbol{u}_i^{\mathrm{T}}$，这里 $\boldsymbol{A}=\sum_i\sigma_i\boldsymbol{u}_i\boldsymbol{v}_i^{\mathrm{T}}$ 是 $\boldsymbol{A}$ 的奇异值分解。

证明：
$$\boldsymbol{B}=\boldsymbol{AA}^{\mathrm{T}}=\left(\sum_i\sigma_i\boldsymbol{u}_i\boldsymbol{v}_i^{\mathrm{T}}\right)\left(\sum_i\sigma_i\boldsymbol{u}_i\boldsymbol{v}_i^{\mathrm{T}}\right)^{\mathrm{T}}=\sum_i\sum_j\sigma_i\sigma_j\boldsymbol{u}_i\boldsymbol{v}_i^{\mathrm{T}}\boldsymbol{v}_j\boldsymbol{u}_j^{\mathrm{T}}=\sum_i\sigma_i^2\boldsymbol{u}_i\boldsymbol{u}_i^{\mathrm{T}}$$

这里 σ_i 各不相同，$\boldsymbol{u}_i$ 是 $\boldsymbol{B}$ 的特征向量，σ_i^2 是对应的特征值。如果 σ_i 并不相异，那么由相同 σ_i 相应的特征向量 $\boldsymbol{u}_i$ 的任意线性组合生成的向量，也有 $\boldsymbol{B}$ 的一个特征向量。

【例 4.2】求矩阵 $\boldsymbol{A}=\begin{pmatrix}1 & 1\\ 4 & 1\end{pmatrix}$ 的谱分解。

解：由 $p_A(\lambda)=\begin{vmatrix}\lambda-1 & -1\\ -4 & \lambda-1\end{vmatrix}=(\lambda+1)(\lambda-3)$，得 $\lambda_1=3,\lambda_2=-1$，$\boldsymbol{x}_1=\begin{pmatrix}1\\ 2\end{pmatrix},\boldsymbol{x}_2=\begin{pmatrix}1\\ -2\end{pmatrix}$。

设 $\boldsymbol{A}$ 的左右特征向量为 $\boldsymbol{y}_1^{\mathrm{T}},\boldsymbol{y}_2^{\mathrm{T}}$，因为 $\boldsymbol{y}_1^{\mathrm{T}},\boldsymbol{y}_2^{\mathrm{T}}$ 满足

$$\boldsymbol{y}_1^{\mathrm{T}}\boldsymbol{x}_1=1,\quad \boldsymbol{y}_1^{\mathrm{T}}\boldsymbol{x}_2=0$$

$$\boldsymbol{y}_2^{\mathrm{T}}\boldsymbol{x}_1=0,\quad \boldsymbol{y}_2^{\mathrm{T}}\boldsymbol{x}_2=1$$

可解得

$$\boldsymbol{y}_1^{\mathrm{T}}=\begin{pmatrix}\frac{1}{2} & \frac{1}{4}\end{pmatrix},\quad \boldsymbol{y}_2^{\mathrm{T}}=\begin{pmatrix}\frac{1}{2} & -\frac{1}{4}\end{pmatrix}$$

从而

$$E_1 = x_1 y_1^{\mathrm{T}} = \begin{pmatrix} \frac{1}{2} & \frac{1}{4} \\ 1 & \frac{1}{2} \end{pmatrix}, \quad E_2 = x_2 y_2^{\mathrm{T}} = \begin{pmatrix} \frac{1}{2} & -\frac{1}{4} \\ -1 & \frac{1}{2} \end{pmatrix}$$

则

$$A = 3E_1 - E_2$$

4.5 计算奇异值分解的幂方法

计算奇异值分解是数值分析里的一个重要分支，经过长期发展也积累了一些复杂精密的算法。这里介绍一种“原则内”的方法来求得给定矩阵 A 的近似的奇异值分解。这个方法称为幂方法，思想上很简单，所谓的“幂”指的是对矩阵 $B = AA^{\mathrm{T}}$ 求幂。

如果 A 的奇异值分解是 $\sum_i \sigma_i u_i v_i^{\mathrm{T}}$，则通过直接乘积得到

$$\begin{aligned} B = AA^{\mathrm{T}} &= \left(\sum_i \sigma_i u_i v_i^{\mathrm{T}}\right)\left(\sum_i \sigma_i u_i v_i^{\mathrm{T}}\right)^{\mathrm{T}} \\ &= \sum_i \sum_j \sigma_i \sigma_j u_i v_i^{\mathrm{T}} v_j u_j^{\mathrm{T}} \\ &= \sum_i \sigma_i^2 u_i u_i^{\mathrm{T}} \end{aligned}$$

$v_i^{\mathrm{T}} v_j$ 是两个向量的点积，且除了 $i = j$ 时都等于 0。类似地有

$$B^k = \sum_k \sigma_i^{2k} u_i u_i^{\mathrm{T}}$$

当 k 增大时，对 $i > 1$，$\frac{\sigma_i^{2k}}{\sigma_1^{2k}}$ 的极限是 0，而且 B^k 近似为

$$\sigma_1^{2k} u_1 u_1^{\mathrm{T}}$$

给定 $i > 1$，$\sigma_i(A) < \sigma_1(A)$。

这提供了一种求 σ_1 和 u_1 的方法，即求 B 的幂。但这里有两个问题，第一个问题

是，如果矩阵的第一个和第二个奇异值有明显的差值，那么以上论证可用，而且幂方法很快收敛于第一个奇异向量。假设第一个和第二个奇异值之间没有明显的差值，在这种极端的情形下以上论证过程行不通。将通过下面的定理来解决这个问题。该定理说明即使存在极端情形，幂方法依然收敛于某个子空间，该空间由对应于“几乎最大”的奇异值的奇异向量张成。

第二个问题是，在计算 $\boldsymbol{B}^k$ 时需要进行 k 次矩阵乘积，结果可能是直接乘 k 次，或者等于 0。与其直接计算矩阵相乘，不如计算 $\boldsymbol{B}^k\boldsymbol{x}$，其中 $\boldsymbol{x}$ 是一个随机单位向量。每次 k 增加，都需要矩阵和向量的乘积的时间与 $\boldsymbol{B}$ 的非零元素个数成正比。为了更进一步地节省时间，写成

$$\boldsymbol{B}^k\boldsymbol{x} = \boldsymbol{A}\boldsymbol{A}^{\mathrm{T}}\boldsymbol{B}^{k-1}\boldsymbol{x}$$

如此一来，计算时间与 $\boldsymbol{A}$ 的非零元素个数成正比。由于 $\boldsymbol{B}^k\boldsymbol{x} \approx \sigma_1^{2k}\boldsymbol{u}_1(\boldsymbol{u}_1^{\mathrm{T}}\cdot\boldsymbol{x})$ 是 $\boldsymbol{u}_1$ 的标量乘积，因此 $\boldsymbol{u}_1$ 可以由 $\boldsymbol{B}^k\boldsymbol{x}$ 标准化得到。

【引理 4.11】令 $(\boldsymbol{x}_1, \boldsymbol{x}_2, \cdots, \boldsymbol{x}_d)$ 为一个 d 维空间的任意单位向量。则 $|\boldsymbol{x}_1| \geqslant \dfrac{1}{20\sqrt{d}}$ 的概率至少是 9/10。

证明：首先证明对一个随机选取的向量 $\boldsymbol{v}$ 满足 $|\boldsymbol{v}| \leqslant 1$，$\boldsymbol{v}_1 \geqslant \dfrac{1}{20\sqrt{d}}$ 的概率是 9/10。

然后令 $\boldsymbol{x} = \dfrac{\boldsymbol{v}}{|\boldsymbol{v}|}$，于是 $\boldsymbol{v}_1$ 的值只可能增大或者不变，因此结论成立。

令 $\alpha = \dfrac{1}{20\sqrt{d}}$，$|\boldsymbol{v}_1| \geqslant \alpha$ 的概率等于 1 减去 $|\boldsymbol{v}_1| \leqslant \alpha$ 的概率。要得到球 $|\boldsymbol{v}_1| \leqslant \alpha$ 的体积的上界，可以考虑高为 α、半径为 1 的圆柱体的体积的两倍。球 $|\boldsymbol{v}_1| \leqslant \alpha$ 的体积小于等于 $2\alpha\boldsymbol{A}(d-1)$，并且 $\Pr(|\boldsymbol{v}_1| \leqslant \alpha) \leqslant \dfrac{2\alpha\boldsymbol{A}(d-1)}{V(d)}$。单位球的体积至少是高为 α、半径为 $\sqrt{1-\dfrac{1}{d-1}}$ 的圆柱体的体积的两倍，即

$$V(d) \geqslant \frac{2}{\sqrt{d-1}}V(d-1)\left(1-\frac{1}{d-1}\right)^{\frac{d-2}{2}}$$

由 $(1-x)^a \geqslant 1-ax$ 可得

$$V(d) \geqslant \frac{2}{\sqrt{d-1}} V(d-1)\left(1-\frac{d-2}{2}\frac{1}{d-1}\right) \geqslant \frac{V(d-1)}{\sqrt{d-1}}$$

并有

$$\Pr(|\boldsymbol{v}_1| \leqslant \alpha) \leqslant \frac{2\alpha V(d-1)}{\frac{1}{\sqrt{d-1}} V(d-1)} \leqslant \frac{\sqrt{d-1}}{10\sqrt{d}} \leqslant \frac{1}{10}$$

因此 $\boldsymbol{v}_1 \geqslant \frac{1}{20\sqrt{d}}$ 的概率至少是 9/10。

【**定理 4.12**】令 $\boldsymbol{A}$ 为 $n \times d$ 矩阵，$\boldsymbol{x}$ 是一个随机单位向量。选取 $\boldsymbol{A}$ 的奇异值中大于 $(1-\varepsilon)\sigma_1$ 的，令 V 为 $\boldsymbol{A}$ 的对应这些奇异值左奇异向量张成的空间。令 k 为 $\Omega\left(\frac{\ln \frac{d}{\varepsilon}}{\varepsilon}\right)$，令 $\boldsymbol{w}$ 为幂方法第 k 次循环后得到的单位向量，即

$$\boldsymbol{w} = \frac{(\boldsymbol{A}\boldsymbol{A}^{\mathrm{T}})^k \boldsymbol{x}}{\left|(\boldsymbol{A}\boldsymbol{A}^{\mathrm{T}})^k \boldsymbol{x}\right|}$$

则 $\boldsymbol{w}$ 的一个元素的长度最少为 ε 并与空间 V 正交的概率不超过 1/10。

证明：令

$$\boldsymbol{A} = \sum_{i=1}^{r} \sigma_i \boldsymbol{u}_i \boldsymbol{v}_i^{\mathrm{T}}$$

是矩阵 $\boldsymbol{A}$ 的奇异值分解，如果 $\boldsymbol{A}$ 的秩小于 n，则可将 $\{\boldsymbol{u}_1, \boldsymbol{u}_2, \cdots, \boldsymbol{u}_r\}$ 扩展成 n 维空间的一组基 $\{\boldsymbol{u}_1, \boldsymbol{u}_2, \cdots, \boldsymbol{u}_n\}$。$\boldsymbol{x}$ 用这组基 $\boldsymbol{u}_i$ 来表达为

$$\boldsymbol{x} = \sum_{i=1}^{n} c_i \boldsymbol{u}_i, \quad c_i \in \mathbf{C}$$

由于 $(\boldsymbol{A}\boldsymbol{A}^{\mathrm{T}})^k = \sum_{i=1}^{n} \sigma_i^{2k} \boldsymbol{u}_i \boldsymbol{u}_i^{\mathrm{T}}$，那么有

$$(\boldsymbol{A}\boldsymbol{A}^{\mathrm{T}})^k \boldsymbol{x} = \sum_{i=1}^{n} \sigma_i^{2k} c_i \boldsymbol{u}_i$$

对一个与 $\boldsymbol{A}$ 不相关的随机单位向量 $\boldsymbol{x}$，$\boldsymbol{u}_i$ 是固定的向量，所以 $\boldsymbol{x}$ 随机等价于 c_i 随机。

从引理 4.11 知道，$|c_1| \geqslant \dfrac{1}{20\sqrt{d}}$ 的概率至少是 9/10。假设 $\boldsymbol{A}$ 的奇异值中，有 m 个满足 $\sigma_1,\sigma_2,\cdots,\sigma_m \geqslant (1-\varepsilon)\sigma_1$，剩下 $n-m$ 个 $\sigma_{m+1},\cdots,\sigma_n < (1-\varepsilon)\sigma_1$，则

$$\left|(\boldsymbol{A}\boldsymbol{A}^{\mathrm{T}})^k \boldsymbol{x}\right|^2 = \left|\sum_{i=1}^{n} \sigma_i^{2k} c_i \boldsymbol{u}_i\right|^2 = \sum_{i=1}^{n} \sigma_i^{4k} c_i^2 \geqslant \sigma_1^{4k} c_1^2 \geqslant \frac{1}{400d}\sigma_1^{4k}$$

成立的概率至少是 9/10。这里用了正项相加至少大于第一项的性质，而且第一项大于等于 $\dfrac{1}{400d}\sigma_1^{4k}$ 的概率至少是 9/10。

$\left|(\boldsymbol{A}\boldsymbol{A}^{\mathrm{T}})^k \boldsymbol{x}\right|^2$ 与空间 V 正交的成分是

$$\sum_{m+1}^{d} \sigma_i^{4k} c_i^2 \leqslant (1-\varepsilon)^{4k} \sigma_1^{4k} \sum_{m+1}^{d} c_i^k \leqslant (1-\varepsilon)^{4k} \sigma_1^{4k}$$

由于 $\sum_{i=1}^{n} c_i^2 = |\boldsymbol{x}| = 1$，因此 $\boldsymbol{w}$ 与 V 正交的成分最多是

$$\frac{(1-\varepsilon)^{2k}\sigma_1^{2k}}{\dfrac{1}{20\sqrt{d}}\sigma_1^{2k}} = O(\sqrt{d}(1-\varepsilon)^{2k}) = O(\sqrt{d}\mathrm{e}^{-2\varepsilon k}) = O\left(\sqrt{d}\mathrm{e}^{-\Omega\left(\ln\frac{d}{\varepsilon}\right)}\right) = O(\varepsilon)$$

证毕。

4.6 主　成　分

在模式识别中，一个常见的问题就是特征选择或特征提取，理论上要选择与原始数据空间相同的维数。但是，为了简化计算，设计一种变换使得数据集由维数较少的“有效”特征来表示。找出数据中最“主要”的元素和结构，去除噪声和冗杂，将原有的复杂数据降维，揭示隐藏在复杂数据背后的简单结构。

主成分分析（PCA）由皮尔逊（Pearson，1901）首先引入，后来被霍特林（Hotelling，1933）进一步发展。PCA 的优点是简单，而且无参数限制，可以方便地应用于各个场合，因此应用极其广泛，从神经科学到计算机图形都有它的用武之地，被誉为应用线性代数最有价值的结果之一。

主成分是数据的投影序列，这个投影序列彼此之间是不相关的，而且按照方差大小来排序。可以将主成分看作是近似 N 个点 $x_i \in \mathbf{R}^p$ 的线性流形，当然也有一些非线性流形的生成。现在先考虑线性流形的情况。

假设 $x_1, x_2, \cdots, x_N \in \mathbf{R}^p$，考虑一个秩为 q 的线性模型，其中 $q \leqslant p$，模型为

$$f(\boldsymbol{\lambda}) = \boldsymbol{\mu} + \boldsymbol{V}_q \boldsymbol{\lambda} \tag{4.1}$$

其中，$\boldsymbol{\mu}$ 是一个 $\mathbf{R}^p$ 上的定位向量；$\boldsymbol{V}_q$ 是一个 $p \times q$ 矩阵，其列向量都是彼此正交的单位向量；$\boldsymbol{\lambda}$ 是一个参数 q 维向量。这是秩为 q 的放射空间的参数表达式。图 4.1 和图 4.2（a）是当 q =1 和 q =2 时的例子。用最小二乘法拟合这样的一个模型到给定的数据，等价于最小化以下重构误差：

$$\min_{\boldsymbol{\mu}, \{\lambda_i\}, \boldsymbol{V}_q} \sum_{i=1}^{N} \left\| \boldsymbol{x}_i - \boldsymbol{\mu} - \boldsymbol{V}_q \lambda_i \right\|^2 \tag{4.2}$$

可以部分优化 $\boldsymbol{\mu}$ 和 λ_i 然后得到

$$\hat{\boldsymbol{\mu}} = \bar{\boldsymbol{x}} \tag{4.3}$$

$$\hat{\lambda}_i = \boldsymbol{V}_q^{\mathrm{T}} (\boldsymbol{x}_i - \hat{\boldsymbol{x}}) \tag{4.4}$$

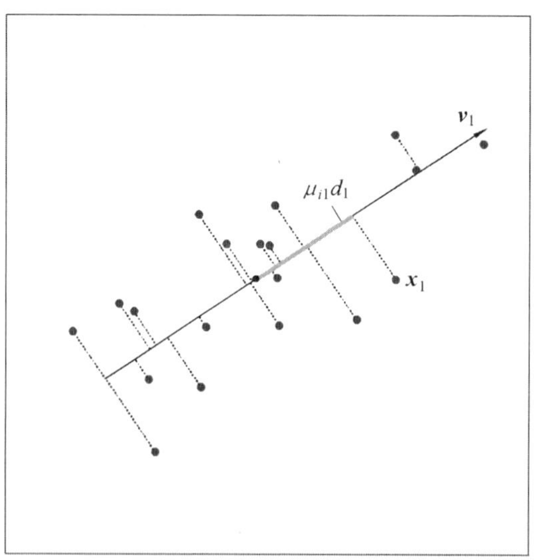

图 4.1　一组数据的第一个主成分

最后只要通过下式求出正交矩阵$\boldsymbol{V}_q$：

$$\min_{\boldsymbol{V}_q}\sum_{i=1}^{N}\left\|(\boldsymbol{x}_i-\boldsymbol{x})-\boldsymbol{V}_q\boldsymbol{V}_q^{\mathrm{T}}(\boldsymbol{x}_i-\hat{\boldsymbol{x}})\right\|^2 \tag{4.5}$$

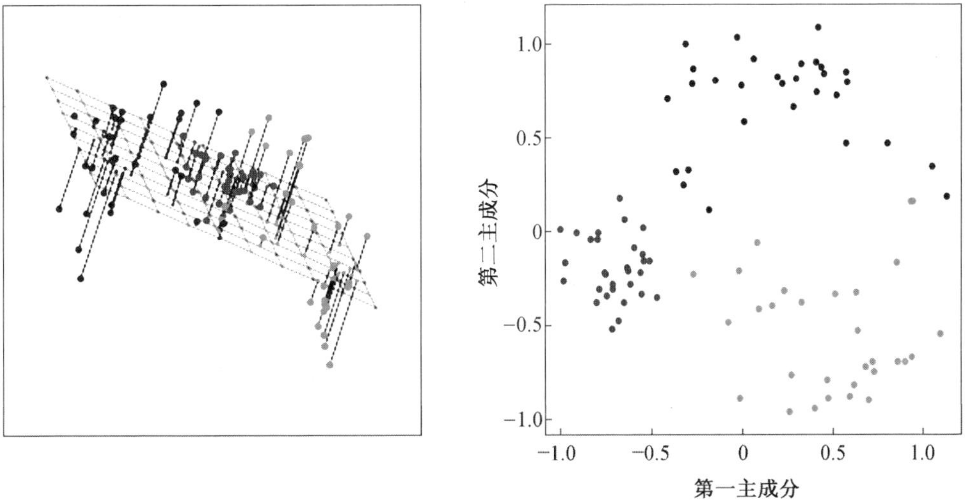

（a）　　　　　　　　　　　（b）

图 4.2　半球数据的最佳秩 2 线性近似

为了方便，假设$\hat{\boldsymbol{x}}=\boldsymbol{0}$（否则只需要将这 q 个向量替换成中心化后的向量：$\tilde{\boldsymbol{x}}_j=\boldsymbol{x}_i=\bar{\boldsymbol{x}}$）。$p\times p$矩阵$\boldsymbol{H}_q=\boldsymbol{V}_q\boldsymbol{V}_q^{\mathrm{T}}$是一个投影矩阵，它把每个点$\boldsymbol{x}_i$映射到其秩为$q$的重构$\boldsymbol{H}_q\boldsymbol{x}_i$，是$\boldsymbol{x}_i$在$\boldsymbol{V}_q$的列向量张成的子空间上的正交投影。这个解可以这样来解读：将中心化的向量层积为一个$N\times p$的矩阵$\boldsymbol{X}$。将矩阵$\boldsymbol{X}$进行奇异值分解：

$$\boldsymbol{X}=\boldsymbol{U}\boldsymbol{D}\boldsymbol{V}^{\mathrm{T}} \tag{4.6}$$

在数值计算里，有很多算法可以用来计算这个分解。这里$\boldsymbol{U}$是一个$N\times p$正交矩阵（$\boldsymbol{U}^{\mathrm{T}}\boldsymbol{U}=\boldsymbol{I}_p$），其列向量$\boldsymbol{\mu}_j$称为左奇异向量；$\boldsymbol{V}$是$p\times p$正交矩阵（$\boldsymbol{V}^{\mathrm{T}}\boldsymbol{V}=\boldsymbol{I}_p$），其列向量$\boldsymbol{v}_j$称为右奇异向量；$\boldsymbol{D}$是一个$p\times p$对角矩阵，对角线元素$d_1\geqslant d_2\geqslant\cdots\geqslant d_p\geqslant 0$是奇异值。对每个秩$q$，通过式（4.5）得到的解$\boldsymbol{V}_q$包含$\boldsymbol{V}$的前$q$列。矩阵$\boldsymbol{UD}$的列则被称为$\boldsymbol{X}$的主成分。式（4.4）给出的$N$个$\hat{\lambda}_i$则是前$q$个主成分（$N\times p$矩阵$\boldsymbol{U}_q\boldsymbol{D}_q$的$N$个行向量即为$\boldsymbol{X}$的主成分）。

在$\mathbf{R}^2$上的一维主成分直线由图 4.1 表示。这条直线最小化了每个点到这条直线的距离平方和。

对每个点x_i，都有一个在直线上距离x_i最近的点，用$\mu_{i1}d_1\boldsymbol{v}_1$来表示。这里$\boldsymbol{v}_1$是直线的方向，$\hat{\lambda}_i = \mu_{i1}d_1$则测量了从直线到原点的距离。类似地，图 4.2（a）显示的是一个二维主成分表面拟合一个半球数据；图 4.2（b）显示的是数据在前两个主成分上的投影。这个过程在聚类上有比较成功的应用。由于半球是非线性的，所以非线性的投影会有更好的效果。

图 4.2（b）显示的是$\boldsymbol{U}_2\boldsymbol{D}_2$给出的投影点，其中$\boldsymbol{U}_2\boldsymbol{D}_2$是数据的前两个主成分。

主成分有一些独有的性质，例如，$\boldsymbol{X}\boldsymbol{v}_1$的线性组合比起其他特征的线性组合而言，有着最大的方差；$\boldsymbol{X}\boldsymbol{v}_2$则是满足$\boldsymbol{v}_2$与$\boldsymbol{v}_1$正交的线性组合中，方差最大的。

主成分分析是降维度和压缩的一个很有用的工具。这里举一个手写数字的例子来表现这种应用。图 4.3 显示的是 130 个手写阿拉伯数字 3 的样本，每个都是数字化的 16×16 的灰度图。可以看到这些书写式样、字体厚度和朝向都差异很大。考虑这些图为点$x_i \in \mathbf{R}^{256}$，然后通过奇异值分解计算它们的主成分。

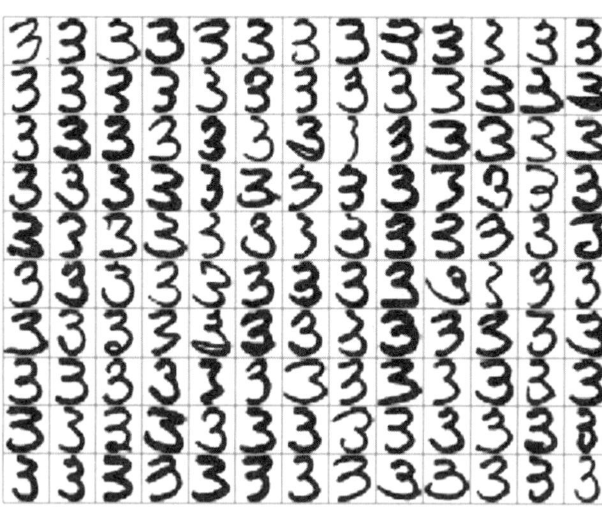

图 4.3　130 个手写阿拉伯数字 3 的样本

图 4.4 显示的是这些数据的前两个主成分。对这前两个主成分的每一个 μ_{i1} 和 μ_{i2}，计算了前 5%、25%、50%、75%和 95%的分位数点，然后用这些点来定义在图中的长方形网格。圈出来的点指的是那些距离网格的顶点最近的图像，而网格和点之间的距离代表的主要是投影的坐标，而这些坐标显示的是该点在这个正交子空间中的成分权重。图 4.4（b）显示了对应于图 4.4（a）中所圈的点，这有助于看清前两个主成分的本质，其中网格由主成分的边际分位数定义。$\boldsymbol{v}_1$（平行移动）主要负责的是数字 3 下面的“尾巴”；$\boldsymbol{v}_2$（竖直移动）主要负责的是字体的厚度。图 4.4 显示了前两个主成分的本质。

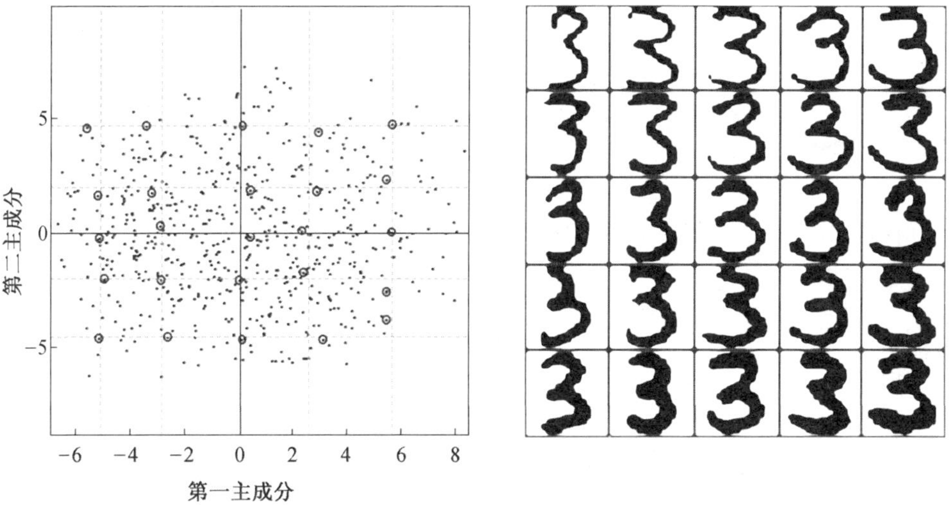

（a）　　　　　　（b）

图 4.4　图 4.3 中数据的前两个主成分

用参数模型式（4.2）的表达，包含两个主成分的模型有以下形式：

$$\hat{f}(\lambda) = \hat{x} + \lambda_1 v_1 + \lambda_2 v_2 \tag{4.7}$$

尽管可能有 256 个主成分，大约 50 个占据了 90%的方差，而 12 个占据了 63%的方差。$\boldsymbol{X}$ 的列向量随机打乱顺序后获得无关数据，图 4.5 比较了原数据和扰动后的数据计算所得的奇异值。原数据的像素其实是有一定的内在相关性的，因为写的都是同一个数字，所以这些相关性是比较强的。

主成分里的一个相对小的子集，可以用作高维数据的低维特征表达。

图 4.6 所示为签名“Suresh”中手写的 S 截图。图 4.6（a）所示为两个不同的数字化的手写 S，每个都用 96 个 $\mathbf{R}^2$ 的点来表示。绿色的 S 是为了视觉效果而故意旋转和平移的。图 4.6（b）所示为应用普罗克鲁斯忒斯变换进行了平移和旋转，以最佳拟合这两组点。

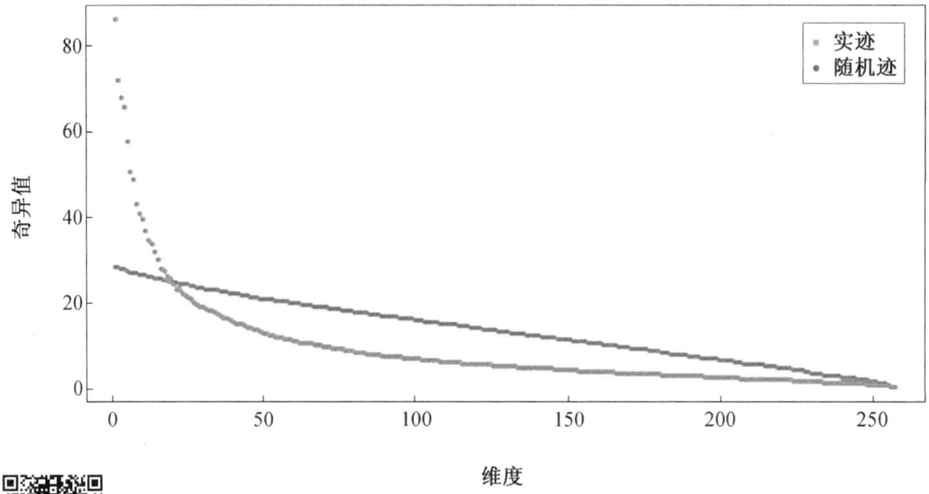

图 4.5　数字 3 的 256 个奇异值与经过扰动后的数据的奇异值相比较

（原矩阵 $\boldsymbol{X}$ 的每一列都打乱顺序）

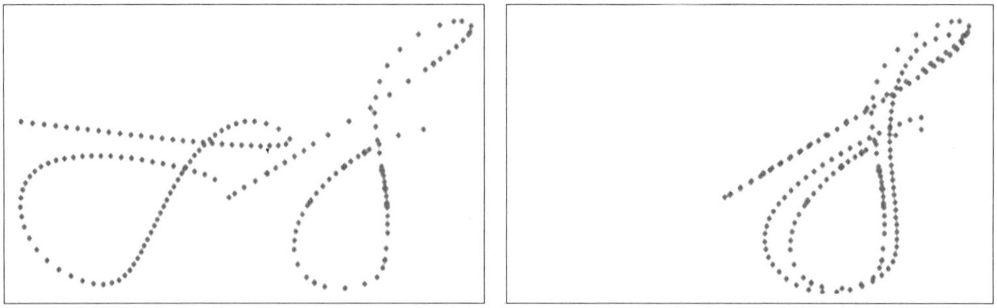

（a）　　　　（b）

图 4.6　签名“Suresh”中手写的 S 截图

图 4.6 显示了两组点，橙色和绿色的在同一个图上。这些点表示的是手写的 S，是从签名“Suresh”截出来的。图 4.7 显示的是整个签名和对应的字母 S。这些签名通过触屏设备动态地记录了下来。每个 S 用 $N=96$ 个点来表示，可以用 $N\times 2$ 矩阵来表示 $\boldsymbol{X}_1$ 和 $\boldsymbol{X}_2$。这些点之间有一个对应性，$\boldsymbol{X}_1$ 和 $\boldsymbol{X}_2$ 的第 i 行都应该用来表示 S 的同样位置。在形态特征学的语言里，这些点表达的是两个对象上的界标。找到这些对应的界标通常是很难的，也是依赖主观的。

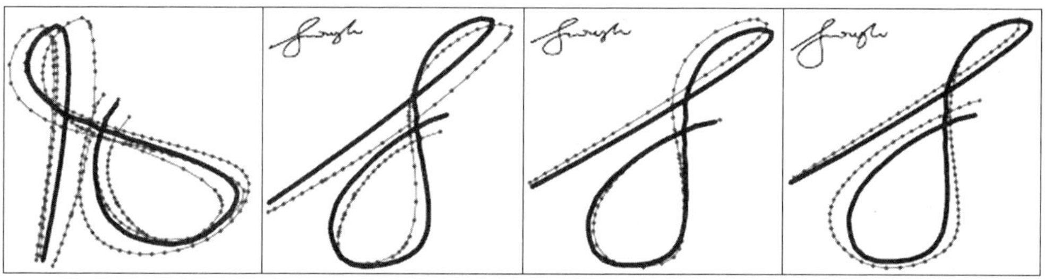

图 4.7　签名中第一个 S 的三个版本签名的普罗克鲁斯忒斯平均

图 4.6（b）中，对绿点应用了平移和旋转，使得它们尽可能拟合橙点，即所谓的普罗克鲁斯忒斯变换。考虑以下问题：

$$\min_{\mu,\boldsymbol{R}}\left\|\boldsymbol{X}_2-(\boldsymbol{X}_1\boldsymbol{R}+1\boldsymbol{\mu}^{\mathrm{T}})\right\|_{\mathrm{F}} \tag{4.8}$$

这里 $\boldsymbol{X}_1$ 和 $\boldsymbol{X}_2$ 都是对应点的 $N\times p$ 矩阵；$\boldsymbol{R}$ 是一个标准正交 $p\times p$ 矩阵；而 $\boldsymbol{\mu}$ 是一个定位坐标的 p 维向量。这里 $\|\boldsymbol{X}\|_{\mathrm{F}}^2=\mathrm{tr}(\boldsymbol{X}\boldsymbol{X}^{\mathrm{T}})$ 是弗罗贝尼乌斯平方矩阵范数。令 $\hat{\boldsymbol{x}}_1$ 和 $\hat{\boldsymbol{x}}_2$ 为矩阵的列平均向量，$\tilde{\boldsymbol{X}}_1$ 和 $\tilde{\boldsymbol{X}}_2$ 是这些矩阵减去均值后得到的矩阵。考虑奇异值分解 $\hat{\boldsymbol{X}}_1^{\mathrm{T}}\hat{\boldsymbol{X}}_2=\boldsymbol{U}\boldsymbol{D}\boldsymbol{V}^{\mathrm{T}}$，则式（4.8）的解如下：

$$\hat{\boldsymbol{R}}=\boldsymbol{U}\boldsymbol{V}^{\mathrm{T}} \tag{4.9}$$

$$\hat{\boldsymbol{\mu}}=\hat{\boldsymbol{x}}_2-\hat{\boldsymbol{R}}\hat{\boldsymbol{x}}_1 \tag{4.10}$$

而最近距离可以参考普罗克鲁斯忒斯距离。从这个解的形式来看，可以对每个矩阵的列都中心化，然后彻底忽视向量的位置。这里假设普罗克鲁斯忒斯距离经过尺度化后解决的是一个更一般性的问题，即

$$\min_{\beta,\boldsymbol{R}}\left\|\boldsymbol{X}_2-\beta\boldsymbol{X}_1\boldsymbol{R}\right\|_{\mathrm{F}} \tag{4.11}$$

这里 $\beta>0$ 是一个正标量，$\boldsymbol{R}$ 的解跟前面一样，β 的解变为

$$\hat{\beta}=\frac{\operatorname{tr}(\boldsymbol{D})}{\|\boldsymbol{X}_1\|_{\mathrm{F}}^2} \tag{4.12}$$

与普罗克鲁斯忒斯距离相关的是 L 个形状集合的普罗克鲁斯忒斯平均，即以下问题的解：

$$\min_{\{\boldsymbol{R}_l\}_1^L,M}\sum_{i=1}^{L}\left\|\boldsymbol{X}_l\boldsymbol{R}_l-\boldsymbol{M}\right\|_{\mathrm{F}}^2 \tag{4.13}$$

即找到形状 $\boldsymbol{M}$，使其与其他形状的普罗克鲁斯忒斯距离平方最近。这个问题可以由以下算法解决：

①初始化 $\boldsymbol{M}=\boldsymbol{X}_1$；

②固定 $\boldsymbol{M}$ 时，求出 L 个普罗克鲁斯忒斯旋转问题的解，得到 $\boldsymbol{X}_l'\leftarrow\boldsymbol{X}\hat{\boldsymbol{R}}_l$；

③令 $\boldsymbol{M}\leftarrow\frac{1}{L}\sum_{l=1}^{L}\boldsymbol{X}_l'$。

步骤②和③不断重复，直到式（4.13）收敛。

图 4.7 显示的是有三个形状的简单的例子。注意到解不是唯一的，但可以加一个条件限制，如 $\boldsymbol{M}$ 必须是上三角矩阵，来得到唯一解。

图 4.7 中左图显示的是普罗克鲁斯忒斯平均，其中每个形状 $\boldsymbol{X}_l'$ 都添加在普罗克鲁斯忒斯空间里；右边三个图将普罗克鲁斯忒斯形状 $\boldsymbol{M}$ 分别映射，以拟合每个对应的原来的 S。

更一般的情形，可以通过以下例子来定义多个形状结合的仿射不变平均：

$$\min_{\{\boldsymbol{A}_l\}_1^L,\boldsymbol{M}}\sum_{l=1}^{L}\left\|\boldsymbol{X}_l\boldsymbol{A}_l-\boldsymbol{M}\right\|_{\mathrm{F}}^2 \tag{4.14}$$

这里 $\boldsymbol{A}_l$ 是 $p\times p$ 非异矩阵。要求一个标准化如 $\boldsymbol{M}^{\mathrm{T}}\boldsymbol{M}=\boldsymbol{I}$ 来避免无价值的解，这个解可以不需要通过循环来得到。

①令 $\boldsymbol{H}_l=\boldsymbol{X}_l(\boldsymbol{X}_l^{\mathrm{T}}\boldsymbol{X})^{-1}\boldsymbol{X}_l$ 为 $\boldsymbol{X}_l$ 定义的秩 p 投影矩阵；

②令 $\bar{\boldsymbol{H}}=\frac{1}{L}\sum_{l=1}^{L}\boldsymbol{H}_l$，$\boldsymbol{M}$ 是由 $\boldsymbol{H}$ 的 p 个最大的特征向量形成的 $N\times p$ 的矩阵。

4.7　主曲线和曲面

主曲线生成主成分直线，提供一条光滑的一维曲线来近似给定的 $\mathbf{R}^p$ 上的数据点。一个主曲面更一般性地，提供了一个二维或更高维的曲流形近似。

首先为随机变量 $\boldsymbol{X}\in\mathbf{R}^p$ 定义主曲线，然后再将其推广到有限个数据的情况。令 $f(\lambda)\in\mathbf{R}^p$ 为参数光滑曲线。于是 $f(\lambda)$ 是一个有 p 个坐标的向量函数，每个函数都有一个参数 λ。例如，参数 λ 可以选择为该曲线到固定原点的曲线长度。对每个数值 x，令 $\lambda_f(x)$ 定义为距离 x 最近的曲线上的一个点，如果

$$f(\lambda)=E(\boldsymbol{X}\mid\lambda_f(\boldsymbol{X})=\lambda) \tag{4.15}$$

则 $f(\lambda)$ 称为随机向量 $\boldsymbol{X}$ 的分布的主曲线。式（4.15）说明 $f(\lambda)$ 是所有的数据点投影到该曲线的平均。这是一个自洽的性质。在实践中，连续多变量分布有无限多的主曲线，我们主要对光滑主曲线感兴趣。图 4.8 显示的是一组数据的主曲线。

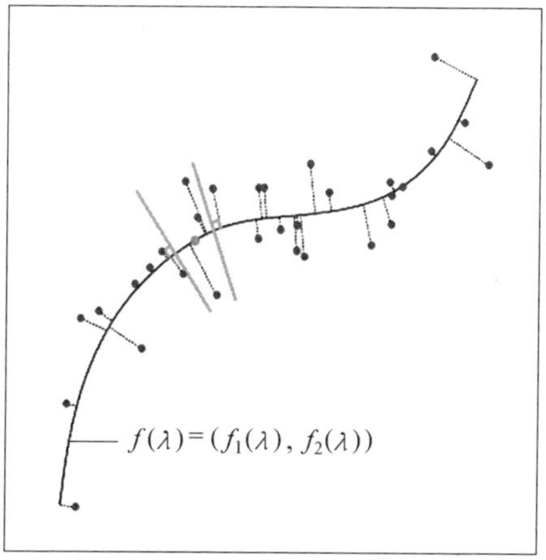

图 4.8　一组数据的主曲线（曲线上的每个点是所有点投影到曲线的平均）

主点也是一个有趣的相关概念。考虑一组包含 k 个原型（prototype）的数据，每个点 x 在一个分布的支持（support）中，找到最近一个原型，即是对 x 负责的原型。这样则引导将特征空间划分成沃罗诺伊（Voronoi）区域。假设有 k 个点是最小化从 x 到其原型的期望距离的解，这些点被称为这个分布的主点。每个主点都是自洽的，也等于 $\boldsymbol{X}$ 在沃罗诺伊区域的均值。例如，当 $k=1$ 时，一个圆正态分布的主点是其均值向量；当 $k=2$ 时，主点是在一条穿越均值向量的射线的两个对称点。主点是 K-means 聚类法找到的中心点的分布模拟点。主曲线则可以看作是 $k=\infty$ 时的主点，只是限制在一条光滑曲线上而已。要找到一个分布的主曲线 $f(\lambda)$，考虑其坐标函数

$$f(\lambda)=(f_1(\lambda),f_2(\lambda),\cdots,f_p(\lambda))$$

并让 $\boldsymbol{X}^{\mathrm{T}}=(\boldsymbol{X}_1,\boldsymbol{X}_2,\cdots,\boldsymbol{X}_p)$。考虑以下交替的步骤：

$$f_j(\lambda)\leftarrow E(\boldsymbol{X}_j\mid\lambda(\boldsymbol{X})=\lambda),\quad j=1,2,\cdots,p \tag{4.16}$$

$$\hat{\lambda}_f(\boldsymbol{x})\leftarrow \operatorname{argmin}_{\lambda'}\|\boldsymbol{x}-\hat{f}(\lambda')\|^2 \tag{4.17}$$

式（4.16）固定了 λ，并强制其满足式（4.15）的自我一致性。式（4.17）固定了曲线，并求曲线上距离每个数据点最近的点。给定有限个数据点，主曲线算法从线性主成分初始，然后循环式（4.16）和式（4.17）的两个步骤，直到收敛。一个散点光滑法是通过光滑化每个作为曲线弧长 $\hat{\lambda}(X)$ 的函数的 X_j，然后估计式（4.16）的条件期望，这样式（4.17）里对每个观测数据点的投影可以求出来。虽然一般情况下收敛是很难的，但人们可以证明，如果一个线性最小二乘拟合用来做散点光滑，则整个过程收敛于第一个线性主成分，并等价于使用幂方法来寻求一个矩阵的最大特征值。

主曲面和主曲线的形式完全一样，唯一的区别是主曲面维度更高。最常用的是二维主曲面，有如下坐标函数：

$$f(\lambda_1,\lambda_2)=(f_1(\lambda_1,\lambda_2),\cdots,f_p(\lambda_1,\lambda_2))$$

则式（4.16）的估计可以用二维曲面光滑法估计求得。超过二维的主曲面很少用到，因为从可视化角度来看比较缺乏吸引力。

图 4.9 显示的是对半球数据的主曲面拟合。图 4.9（a）是拟合的二维曲面。图 4.9（b）是数据点投影到曲面上，得到坐标 $\hat{\lambda}_1$，$\hat{\lambda}_2$，所画的数据点是所估计的非线性坐标 $\hat{\lambda}_1(x_i)$，$\hat{\lambda}_2(x_i)$，整个图给出的分类是很明显的。

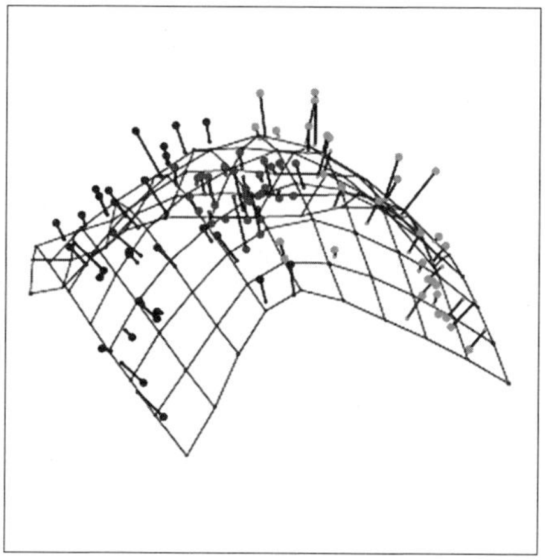

（a）

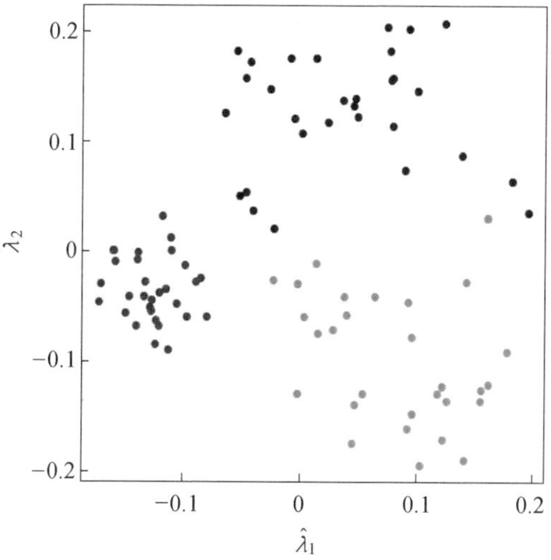

（b）

图 4.9　对半球数据的主曲面拟合

第 5 章　主成分分析的应用

主成分分析是把各变量之间互相关联的复杂关系进行简化分析的方法。由于多个变量之间往往存在着一定程度的相关性，因此人们希望通过线性组合的方式，从这些指标中尽可能快地提取信息。当第一个线性组合不能提取更多的信息时，再考虑用第二个线性组合继续这个快速提取过程，直到所提取的信息与原指标相差不多时为止。主成分分析试图在力保数据信息丢失最少的原则下，对这种多变量的截面数据表进行最佳综合简化，也就是说，对高维变量空间进行降维处理。很显然，在一个低维空间辨识系统要比在一个高维空间容易得多。

该方法可以有效地找出数据中最“主要”的元素和结构，去除噪声和冗余，将原有的复杂数据降维，揭示隐藏在复杂数据背后的简单结构。其优点是简单，而且无参数限制，可以方便地应用于各个场合。

主成分分析广泛用于化学实验数据的统计分析、数据降维、变量提取与压缩、确定化学组分数、分类和聚类，以及与其他方法联用进行数据处理。

本章介绍主成分分析的应用，包括球高斯混合点的聚类、谱聚类、奇异值分解在离散优化问题及图像压缩中的应用，以及潜在语义分析（latent semantic analysis，LSA）。

5.1　球高斯混合点的聚类

在聚类中，给定 d 维空间的一个点集。聚类任务是将这些点划分为 k 个子集（类），使得这些类包含的都是彼此相近的点。对于聚类会有不同的优化标准定义，也因此会有不同的解。本节将讨论如何应用奇异值分解来解决一种特殊的聚类问题。

一般情况下，任何聚类问题的解都包括 k 个类的中心点，从而可以根据这些中心点来定义每一个类，即将每个点与每个中心点 i 的距离都计算出来，$i=1,2,\cdots,k$，与中心点 i 最近的所有点即为第 i 类。通过观察，二维或者三维空间的点的聚类是相对比较容易的。然而，更高维空间的点的聚类就没那么容易了。很多高维数据的聚类问题都非常困难，甚至没有算法能在解决多项式时间内来解决这些问题。解决这个问题的一个方向是为输入数据假定一个随机模型，然后设计一个算法在这个随机模型下聚类。

混合模型是随机模型中非常重要的一种。所谓的混合是一个由多个简单的概率密度函数（或概率分布函数）的权重和形成的概率密度函数或者概率分布函数。混合概率密度函数有以下形式：

$$w_1 p_1 + w_2 p_2 + \cdots + w_k p_k$$

其中，$p_1, p_2, \cdots, p_k$ 是基本的密度函数；$w_1, w_2, \cdots, w_k$ 是和为 1 的正实数，称为权重。显然，$w_1 p_1 + w_2 p_2 + \cdots + w_k p_k$ 是一个概率密度函数，因为它在整个样本空间积分等于 1。

这个模型拟合问题是用一个混合 k 个基本概率的密度函数来拟合 n 个样本，使得每个样本都是由这同一个混合分布生成。基本的密度函数都是已知的，但每个成分的权重却未知。这里将研究基本密度函数为球高斯函数的情况。给定的样本点是从集合 $\{1,2,\cdots,k\}$ 中根据概率 $w_1, w_2, \cdots, w_k$（$\sum_i^k w_i = 1$）生成。每一次都根据概率 p_i 生成一个点，然后重复 n 次。这个过程将生成 n 个混合样本，而这 n 个样本点可以分成 k 个集合，每个集合的点都是对应着密度函数 p_i 来分布。

模型拟合问题包含两个子问题：第一个子问题是将样本点聚类成 k 个子集，其中每个子集的点都服从对应的一个成分密度函数；第二个子问题是用一个分布函数来拟合每个子集。在这里只讨论聚类的问题。如果混合模型中的成分和高斯函数之间的中心非常近，那么这个聚类问题是无法解决的。在少数情况下，有一对成分密度函数一样，则没办法区分这两者。那么怎样才能保证明确划分的聚类呢？首先，观察一维空间的例子，很清楚能看到此时分类所用的单位必须是标准方差，因为密度函数是一个取值为与均值的距离、以标准方差为单位的数。在一维空间中，如果两个高斯点集可以明确地分开，那么这两个点集的中心点距离至少十倍于这两个点集的标准方差的最大值，因此它们彼此间很难有重叠的部分。下面讨论在更高维度空间里，这个情况的类似论证是怎样的。

对一个 d 维空间的球高斯分布，在每一个方向都有标准方差σ（由于每个方向的标准方差都相同，因此就把这个标准方差称为该高斯函数的标准方差），那么很容易知道符合该高斯分布的点与中心点的期望距离是 $d\sigma^2$。定义该高斯函数分布的半径 r 为点到中心点的平均欧式距离，即$\sqrt{d}\sigma$。如果两个球高斯分布的点集的半径都是 r，而两个中心点的距离至少是 $2r$，则这两个点集的重叠部分很少。但随着 d 的增大，这个分类的要求也会提高。对 d 很大的问题，实际的情况将很难满足这个分类的要求。主要的目标是解决以下问题：

是否能够对 d 很大的问题提供一个类似一维空间的分类那样的论证，即在 d 维子空间里的 k 个球高斯分布点集混合中，如果每一对成球高斯分布的中心点距离都大约是 $\Omega(1)$std（std 表示标准差），则可以将样本点集分为 k 个类？

解决这个问题的中心思想如下：如果某一时刻，可以找到一个由 k 个中心点张成的子空间，那么假想将样本点集投影到这个子空间。很容易知道（以下引理将证明）一个标准差为σ的球高斯分布的投影依然是一个标准差为σ的球高斯分布。而经过投影之后，中心点之间的分类不变。所以经过投影后，各个高斯分布是可以明确分开的，而给定的中心点之间的分类距离是$\Omega(1)\sqrt{k}\sigma$。这个投影后的分类距离比$\Omega(1)\sqrt{d}\sigma$ 小很多，其中$k \ll d$。有趣的是将看到由 k 个中心点张成的子空间会是 d 维空间的最佳拟合 k 维子空间。这个最佳拟合 k 维子空间将可以通过奇异值分解求得。

【引理 5.1】假如 p 是一个 d 维的球高斯分布，中心点是μ，标准差是σ，则 p 的密度函数投影到任意 k 维子空间 V 都是一个球高斯分布，并维持标准差不变。

证明：因为 p 是球高斯分布，所以此投影与 k 维子空间是彼此独立的。令 V 为前 k 个坐标向量张成的子空间。对一个点 $\boldsymbol{x}=(x_1,x_2,\cdots,x_d)$，用 $\boldsymbol{x}_0=(x_1,x_2,\cdots,x_k)$ 和 $\boldsymbol{x}_{00}=(x_{k+1},x_{k+2},\cdots,x_d)$ 来标记这个向量的两部分。

投影后的高斯密度函数在点 $(x_1,x_2,\cdots,x_k)$ 上等于

$$c\mathrm{e}^{-\frac{|\boldsymbol{x}'-\boldsymbol{u}'|^2}{2\sigma^2}}\int_{\boldsymbol{x}''}\mathrm{e}^{-\frac{|\boldsymbol{x}''-\boldsymbol{u}''|^2}{2\sigma^2}}\mathrm{d}\boldsymbol{x}''=c'\mathrm{e}^{-\frac{|\boldsymbol{x}'-\boldsymbol{u}'|^2}{2\sigma^2}}$$

引理得证。

现在证明由奇异值分解产生的前 k 个奇异向量所张成的子空间正好等于由混合高斯分布的 k 个中心点张成的空间。首先，扩展对概率分布的最佳拟合的概念，证明对一个单独的中心点，不在原点的球高斯分布的最佳拟合的一维子空间就是通过原点和高斯分布中心点的直线。其次，证明对一个单独的球高斯分布（同样中心点不在原点），最佳拟合的 k 维子空间是一个包含通过原点和该高斯分布中心点的直线的 k 维子空间。最后，对任何 k 维混合球高斯分布，最佳拟合的 k 维子空间是包含它们中心点的子空间。如此，奇异值分解找到的子空间是包含这些中心点的。

对一个点集，最佳拟合直线会通过原点，并最小化这些点与该直线距离的平方和。将这个定义从点集扩展到概率密度函数上，即有以下定义：

【定义 5.2】 如果 p 是一个 d 维空间上的概率密度，那么 p 的最佳拟合直线 l 通过原点，并最小化服从 p 分布的点到该直线的期望距离平方和，可表示为

$$\int \mathrm{dist}(\boldsymbol{x},l)^2\,p(\boldsymbol{x})\mathrm{d}\boldsymbol{x}$$

这里 $\mathrm{dist}(\boldsymbol{x},l)$ 表示 $\boldsymbol{x}$ 到直线 l 的距离。如果一个 k 维子空间最小化了给定点到该空间的距离平方和，那么这个 k 维子空间就是最佳拟合 k 维子空间。或者等价地说，一个 k 维子空间最大化了给定点到该空间的投影长度平方，那么这个 k 维子空间就是最佳拟合 k 维子空间。以上是对点集的定义，同样这个定义可以扩展到一个密度函数。

【定义 5.3】 如果 p 是一个 d 维空间上的概率密度，V 是一个子空间，那么 V 到 p 的

期望距离平方标记为 $f(V,p)$，由下式定义：

$$f(V,p)=\int \mathrm{dist}(\boldsymbol{x},V)^2 p(\boldsymbol{x})\mathrm{d}\boldsymbol{x}$$

这里 $\mathrm{dist}(\boldsymbol{x},V)$ 表示从点 $\boldsymbol{x}$ 到子空间 V 的距离。对中心在原点的单位圆上的一致密度函数，很容易看到任何通过原点的直线都是该密度函数的最佳拟合分布。

【引理 5.4】令 p 是球高斯分布的概率密度函数，中心点 $\boldsymbol{\mu}\neq\boldsymbol{0}$，最佳拟合一维子空间是通过原点和 $\boldsymbol{\mu}$ 的直线。

证明：对根据 p 而随机选取的点 $\boldsymbol{x}$，和一个固定的单位向量 $\boldsymbol{v}$，有

$$\begin{aligned}E((\boldsymbol{v}^{\mathrm{T}}\boldsymbol{x})^2)&=E([\boldsymbol{v}^{\mathrm{T}}(\boldsymbol{x}-\boldsymbol{\mu})+\boldsymbol{v}^{\mathrm{T}}\boldsymbol{\mu}]^2)\\&=E([\boldsymbol{v}^{\mathrm{T}}(\boldsymbol{x}-\boldsymbol{\mu})]^2+2(\boldsymbol{v}^{\mathrm{T}}\boldsymbol{\mu})[\boldsymbol{v}^{\mathrm{T}}(\boldsymbol{x}-\boldsymbol{\mu})]+(\boldsymbol{v}^{\mathrm{T}}\boldsymbol{\mu})^2)\\&=E([\boldsymbol{v}^{\mathrm{T}}(\boldsymbol{x}-\boldsymbol{\mu})]^2)+2(\boldsymbol{v}^{\mathrm{T}}\boldsymbol{\mu})E(\boldsymbol{v}^{\mathrm{T}}(\boldsymbol{x}-\boldsymbol{\mu}))+E((\boldsymbol{v}^{\mathrm{T}}\boldsymbol{\mu})^2)\\&=E([\boldsymbol{v}^{\mathrm{T}}(\boldsymbol{x}-\boldsymbol{\mu})]^2)+(\boldsymbol{v}^{\mathrm{T}}\boldsymbol{\mu})^2\\&=\sigma^2+(\boldsymbol{v}^{\mathrm{T}}\boldsymbol{\mu})^2\end{aligned}$$

由于 $E([\boldsymbol{v}^{\mathrm{T}}(\boldsymbol{x}-\boldsymbol{\mu})]^2)$ 是在 $\boldsymbol{v}$ 方向的方差，而且 $E(\boldsymbol{v}^{\mathrm{T}}(\boldsymbol{x}-\boldsymbol{\mu}))=0$，既然 $\boldsymbol{v}$ 是最大化 $(\boldsymbol{v}^{\mathrm{T}}\boldsymbol{\mu})^2$ 的直线，所以 $\boldsymbol{v}$ 应当与中心点与原点构成的直线方向一致。

【引理 5.5】一个球高斯分布的中心点在 $\boldsymbol{\mu}$，一个 k 维子空间是最佳拟合子空间当且仅当它包含 $\boldsymbol{\mu}$。

证明：根据对称性，所有通过 $\boldsymbol{\mu}$ 的 k 维子空间都有与该分布同样的期望距离平方。根据奇异值分解的过程，知道最佳拟合 k 维子空间包含最佳拟合直线，即包含 $\boldsymbol{\mu}$。如此，引理得证。

以上引理可以立刻推出以下定理：

【定理 5.6】如果 p 是一个由 k 个球高斯分布混合的密度函数，那么其最佳拟合 k 维子空间一定包含这 k 个球高斯分布的 k 个中心点。

证明：令 p 为以下密度函数和权重的混合：

$$w_1 p_1 + w_2 p_2 + \cdots + w_k p_k$$

令 V 为任何不超过 k 维的子空间，则 V 到 p 的期望距离平方为

$$f(V,p)=\int \mathrm{dist}(\boldsymbol{x},V)^2 p(\boldsymbol{x})\mathrm{d}\boldsymbol{x}=\sum_{i=1}^{k} w_i \int \mathrm{dist}(\boldsymbol{x},V)^2 p_i(\boldsymbol{x})\mathrm{d}\boldsymbol{x} \geqslant \sum_{i=1}^{k} w_1$$

这也是 p_i 到其最佳拟合 k 维子空间的期望距离平方。令 V 为一个由所有 p_i 的中心点张成的子空间，根据引理 5.5 即可推出等式成立，定理证毕。

如果一个集合里包含无限个点，而这些点都服从一个混合高斯分布，那么 k 维奇异值分解子空间给出的空间正好包含每个成球高斯分布的中心点。现实应用中，只有从该混合分布中得到的有限样本点，但是，随着样本量的增大，这些样本点将逐渐逼近给定的概率分布，从而根据这些点进行奇异值分解，所得到的子空间也逐渐逼近中心点张成的子空间。

5.2 谱　聚　类

谱聚类算法建立在谱图理论基础上，与传统的聚类算法相比，它具有能在任意形状的样本空间上聚类且收敛于全局最优解的优点。

该算法首先根据给定的样本数据集定义一个描述成对数据点相似度的亲和矩阵，并且计算矩阵的特征值和特征向量，然后选择合适的特征向量聚类不同的数据点。聚类的直观解释是根据样本间相似度，将它们分成不同组。谱聚类的思想是将样本看作顶点，样本间的相似度看作带权的边，从而将聚类问题转为图分割问题：找到一种图分割的方法使得连接不同组的边的权重尽可能低（这意味着组间相似度要尽可能低），组内的边的权重尽可能高（这意味着组内相似度要尽可能高）。例如，将某人的若干博客分成 K 类，就是将每一个博客当作图上的一个顶点，然后根据相似度将这些顶点连起来，最后进行分割。分割后还连在一起的顶点就是同一类了。

谱聚类算法最初用于计算机视觉、超大规模集成电路（VLSI）设计等领域，最近才开始用于机器学习中，并迅速成为国际上机器学习领域的研究热点。谱聚类算法建立在图论中的谱图理论基础上，其本质是将聚类问题转化为图的最优划分问题，

是一种点对聚类算法，对数据聚类具有很好的应用前景。而传统的聚类方法如 K-means 使用球或者椭圆球的测度来给数据点分类。因此这些方法并不太适用于类是非凸集的情况，譬如同心圆就是一个例子（图 5.1（a））。谱聚类法是标准聚类的广义化，是专门针对这种非凸类设计的算法。

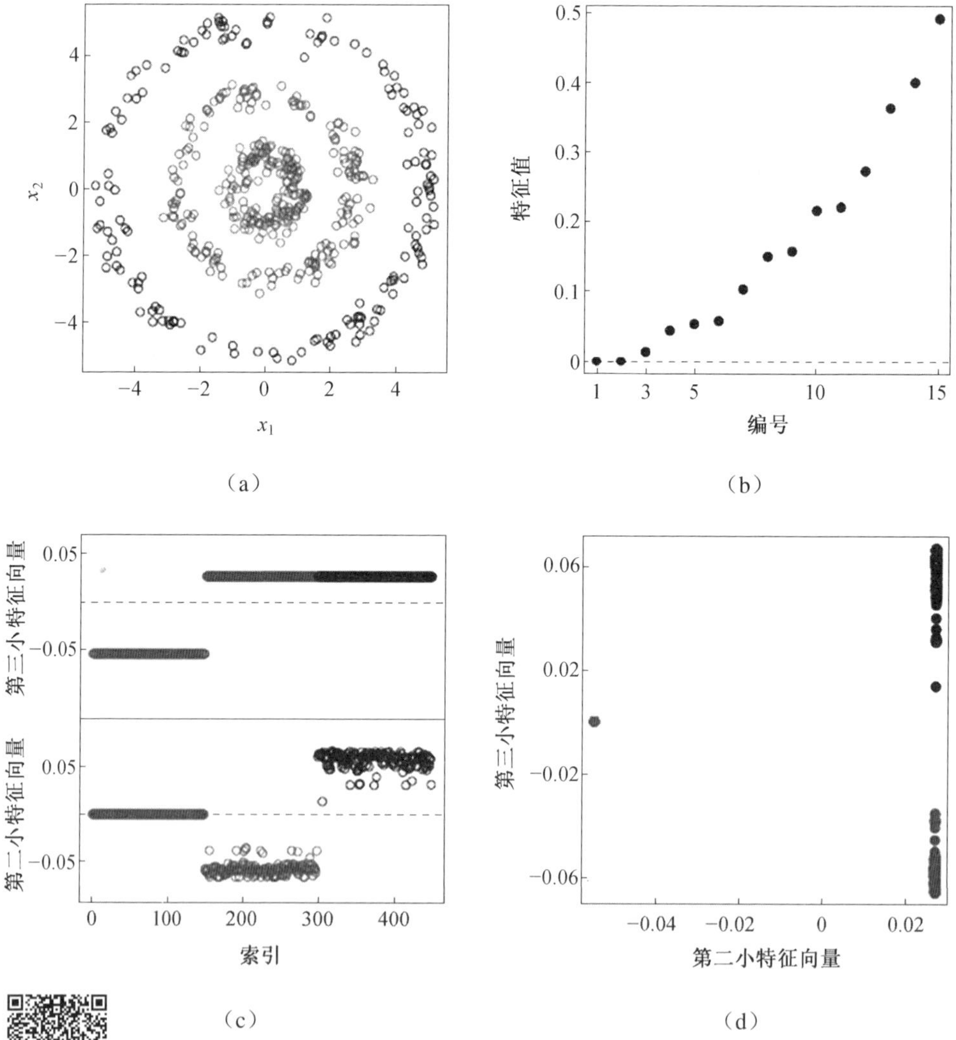

图 5.1　一个谱聚类的例子

一个谱聚类的例子如图 5.1 所示。图 5.1（a）所示的数据是 450 个模拟生成的点，它们落到三个同心圆中，每个圆内有 150 个点。这些点是关于角度呈一致分布的，半径分别为 1，2.8 和 5，每个点都加了标准差为 0.25 的高斯噪声。使用 $k=10$ 的最近邻点相似度图，图 5.1（c）所示为对应于 $\boldsymbol{L}$ 第二小和第三小的特征值的特征向量，而最小的特征向量是一个常数向量，数据点的颜色和左上一致。图 5.1（b）所示为 15 个最小的特征值，第二小和第三小特征向量（Z 的 450 行）的坐标如图 5.1（d）所示。谱聚类选用了 K-means 聚类，而且很容易还原原来的三个类。

首先考虑一个 $N\times N$ 的相似度矩阵 $\boldsymbol{S}$，所有元素 $s_{ij}\geqslant 0$，是两个观测量 i，j 之间的相似程度（用一个函数来计算两个观测量之间的相似程度）。用一个相似无向图 $G=\langle V,E\rangle$ 来表示所有的观测量。N 个顶点 $v_i\in V$ 代表观测量，而如果一对顶点之间的相似度大于零，则有一条边 $e_{ij}=1\in E$（否则 $e_{ij}=0$）将它们连接起来，而这些边用 s_{ij} 来表示其权重。于是聚类问题变成了一个图分割问题，目标是把连接起来的成分聚类。希望分割图，使得不同类之间的边权重很低，而同类里的边权重很高。谱聚类的思想就是构建相似度图来代表观测量之间的局部邻点关系。

更具体地说，考虑 N 个点 $x_i\in\mathbf{R}^p$，令 d_{ij} 为 x_i 和 x_j 之间的欧氏距离。用高斯核来构造相似度矩阵，即 $s_{ij}=\exp\left(\frac{-d_{ij}}{c}\right)$，这里 $c>0$ 是一个尺度参数。

有很多方法可以定义相似度矩阵及其相似性图。最常看到的应用是 K 最近邻点图。定义 N_K 为相近点的配对对称集，即如果点 i 在点 j 的 K 个最近点中，或者反过来，则 (i,j) 属于 N_K。然后把所有对称最近邻点连接起来，赋予这些连接的边权重 $\omega_{ij}=s_{ij}$，否则这条边的权重为零。等价地，把所有不在 N_K 上的相似配对都设为零，然后为这个相似度矩阵画一个图。

还有一种办法是，一个完全连接的图（即任何两个顶点配对，都有一条边相连）包含所有配对边，其权重是 $\omega_{ij}=s_{ij}$，而局部的权重可以用尺度参数 c 控制。则边权重矩阵 $\boldsymbol{W}=(\omega_{ij})$ 称为邻接矩阵。顶点 i 的度为 $g_i=\sum\limits_j\omega_{ij}$，即所有连接顶点 i 的边的权重和。令 $\boldsymbol{G}$ 为一个对角线元素为 g_i 的对角矩阵，定义 Laplace 图为

$$\boldsymbol{L} = \boldsymbol{G} - \boldsymbol{W} \tag{5.1}$$

这个图称为非标准化 Laplace 图。很多人提出的标准化方法，都是关于顶点的度 g_i 来标准化的，例如 $\tilde{\boldsymbol{L}} = \boldsymbol{I} - \boldsymbol{G}^{-1}\boldsymbol{W}$ 。

谱聚类找到关于 $\boldsymbol{L}$ 的 m 个最小特征值所对应的 m 个特征向量 $\boldsymbol{Z}_{N,m}$，然后用一个标准聚类法（如 K-means 聚类法）将 $\boldsymbol{Z}$ 的列聚类，从而得到原数据的一个聚类。

如图 5.1 所示，图 5.1（a）显示的是 450 个模拟数据，它们是三个呈圆形的类。而 K-means 聚类将很难把这些数据正确分类。应用谱聚类，选择 10 个最近邻点的相似度图，Laplace 图的第二小和第三小的特征值对应的特征向量如图 5.1（c）所示，而 Laplace 图的 15 个最小的特征值则如图 5.1（b）所示。图 5.1（c）显示的两个特征向量成功划分了三个类，图 5.1（d）所示为特征向量矩阵 $\boldsymbol{Y}$ 的行的散点图，可见非常清晰地分开了几个类。也就是说，将原数据点进行变换以后，用常规的聚类法（如 K-means 等）即可得到好的聚类结果。

下面讨论谱聚类的原理，对任意向量 $\boldsymbol{f}$ 有

$$\boldsymbol{f}^{\mathrm{T}}\boldsymbol{L}\boldsymbol{f} = \sum_{i=1}^{N} g_i f_i^2 - \sum_{i=1}^{N}\sum_{j=1}^{N} f_i f_j \omega_{ij} = \frac{1}{2}\sum_{i=1}^{N}\sum_{j=1}^{N} \omega_{ij}(f_i - f_j)^2 \tag{5.2}$$

以上公式表明如果向量坐标 f_i 和 f_j 很接近，那么即使两个顶点之间的邻接权重很大，$\boldsymbol{f}^{\mathrm{T}}\boldsymbol{L}\boldsymbol{f}$ 也能达到很小的值。由于 $\boldsymbol{1}^{\mathrm{T}}\boldsymbol{L}\boldsymbol{1} = 0$ 对任意图成立，因此常数向量是特征值为 0 的无关紧要的特征向量。如果图是连接的（一个图的任意两个点都能找到一个路径彼此到达，称为连接），则 $\boldsymbol{1}$ 是其唯一的常数特征向量。综合这些讨论，很容易证明一个图如果有 m 个连接的成分（顶点的集合），那么这些顶点可以重新排序使得 $\boldsymbol{L}$ 是一个分块对角矩阵，其中对角线的每个分块对应的是每个连接成分。于是 $\boldsymbol{L}$ 有 m 个特征向量对应于特征值 0，且特征值 0 对应的特征空间是由连接成分的指示向量张成的，即假如 x_i 在某个连接成分里，那么其指示向量则是标准单位向量 $\boldsymbol{e}_i$（除了第 i 个元素为 1，其余元素为 0），即张成该特征空间的一个向量。在实际应用中，会遇到有强有弱的连接，因此特征值 0 通常由小的特征值来近似。

谱聚类是一种找非凸类的有趣方法。如果使用的是标准化的 Laplace 图，那么对这个方法可阐述为：定义 $\boldsymbol{P}=\boldsymbol{G}^{-1}\boldsymbol{W}$，考虑一个在图上的随机游走，其转移矩阵是 $\boldsymbol{P}$，则谱聚类得到的顶点聚类使得随机游走很少从一个类跃迁到另一个类。

关于谱聚类的实际应用还有很多问题，包括必须选择相似度图的类型，如完全连接的还是最近邻点；必须选择相关的参数，如 k 最近邻点的 k，核函数的尺度参数 c；也必须选择 $\boldsymbol{L}$ 矩阵的特征向量的个数，类的个数，常规聚类法等。图 5.1 所示例子在选择 $k\in[5,200]$ 时都可以得到好的结果，但 $k<5$ 时的结果很差。从图 5.1（b）可以看到，最小的三个特征值和其他特征值之间并没有明显的分界，因此并没有一个清晰的法则来决定选择多少个特征向量。

5.3　奇异值分解在离散优化问题中的应用

5.2 节中，奇异值分解是一种降维度的技巧。通过奇异值分解，在 d 维空间中找到一个 k 维子空间（中心点张成的子空间），将高斯混合点集投影到子空间上，从而降低了高斯混合点集聚类问题的难度。本节将用奇异值分解来解决一个优化问题而非建模拟合数据。同样，应用数据降维度会让问题简化。使用奇异值分解来解决离散优化问题是一个应用上的新领域。从一个有向图 $G(V,E)$ 的最大割问题开始讨论。

最大割问题的目标是将有向图里的节点集 V 分割成两个子集 S 和 $\bar{S}$，使得 S 到 $\bar{S}$ 的边数最大化。令 $\boldsymbol{A}$ 为一个图的邻接矩阵，对每个顶点 i，对应的指标变量是 x_i。这个变量 x_i 在 $i\in S$ 时被设定为 1，在 $i\in\bar{S}$ 时被设定为 0。向量 $\boldsymbol{x}=(x_1,x_2,\cdots,x_n)$ 是未知的，试图找到一个分割，从而最大化通过分割的边数。那么通过分割的边数恰好等于 $\sum\limits_{i,j}x_i(1-x_j)a_{ij}$，因此，最大割问题可以被看作如下优化问题：

$$\begin{aligned}&\text{Maximize}\sum_{i,j}x_i(1-x_j)a_{ij}\\&\text{subject to } x_i\in\{0,1\}\end{aligned}\tag{5.3}$$

用矩阵形式来表示以上目标函数为

$$\sum_{i,j} x_i(1-x_j)a_{ij} = \boldsymbol{x}^{\mathrm{T}}\boldsymbol{A}(\boldsymbol{1}-\boldsymbol{x})$$

其中，**1** 是一个所有元素都为 1 的向量。

因此，这个问题可以重新陈述如下：

$$\begin{aligned}&\text{Maximize } \boldsymbol{x}^{\mathrm{T}}\boldsymbol{A}(\boldsymbol{1}-\boldsymbol{x})\\&\text{subject to } x_i \in \{0,1\}\end{aligned} \tag{5.4}$$

如果替换 $\boldsymbol{A}$ 为最佳 k 近似矩阵 $\boldsymbol{A}_k = \sum_i \sigma_i \boldsymbol{u}_i \boldsymbol{v}_i^{\mathrm{T}}$，奇异值分析可以用来解这个问题的数值逼近解，即

$$\begin{aligned}&\text{Maximize } \boldsymbol{x}^{\mathrm{T}}\boldsymbol{A}_k(\boldsymbol{1}-\boldsymbol{x})\\&\text{subject to } x_i \in \{0,1\}\end{aligned} \tag{5.5}$$

注意到此时 $\boldsymbol{A}_k$ 不再是元素取值为 0 或 1 的邻接矩阵（把这类型矩阵或向量记为 0–1 矩阵或向量）。

下面证明以下两条结论：

①对任何 0–1 向量 $\boldsymbol{x}$，$\boldsymbol{x}^{\mathrm{T}}\boldsymbol{A}_k(\boldsymbol{1}-\boldsymbol{x})$ 和 $\boldsymbol{x}^{\mathrm{T}}\boldsymbol{A}(\boldsymbol{1}-\boldsymbol{x})$ 的差不大于 $\dfrac{n^2}{\sqrt{k+1}}$。

②式（5.5）的优化解可以通过 $\boldsymbol{A}_k$ 的低秩性质逼近获得，而根据第一条结论，$\boldsymbol{x}$ 是问题式（5.4）的近似解，多出的误差不超过 $\dfrac{n^2}{\sqrt{k+1}}$。

首先证明第一条结论。由于 $\boldsymbol{x}$ 和 $(\boldsymbol{1}-\boldsymbol{x})$ 是 0–1 n 维向量，根据 2-范数的定义有

$$|(\boldsymbol{A}-\boldsymbol{A}_k)(\boldsymbol{1}-\boldsymbol{x})| \leqslant \sqrt{n}\,\|\boldsymbol{A}-\boldsymbol{A}_k\|_2$$

因为 $\boldsymbol{x}^{\mathrm{T}}(\boldsymbol{A}-\boldsymbol{A}_k)(\boldsymbol{1}-\boldsymbol{x})$ 是向量 $\boldsymbol{x}$ 和向量 $(\boldsymbol{A}-\boldsymbol{A}_k)(\boldsymbol{1}-\boldsymbol{x})$ 的点积，所以

$$|\boldsymbol{x}^{\mathrm{T}}(\boldsymbol{A}-\boldsymbol{A}_k)(\boldsymbol{1}-\boldsymbol{x})| \leqslant n\,\|\boldsymbol{A}-\boldsymbol{A}_k\|_2$$

根据引理 4.8 有

$$\|\boldsymbol{A}-\boldsymbol{A}_k\|_2 = \sigma_{k+1}(\boldsymbol{A})$$

因此有以下不等式：

$$(k+1)\sigma_{k+1}^2 \leqslant \sigma_1^2+\sigma_2^2+\cdots+\sigma_{k+1}^2 \leqslant \|A\|_F^2=\sum_{i,j}a_{ij}^2 \leqslant n^2$$

可以推出 $\sigma_{k+1} \leqslant \frac{n}{\sqrt{k+1}}$。因此 $\|A-A_k\|_2 \leqslant \frac{n}{\sqrt{k+1}}$。

下面看第二条结论。从 $k=1$ 的情况开始考虑。A 可以由秩为 1 的矩阵 A_1 来近似。更特殊的情况是，要求左右奇异向量 u 和 v 必须相同，这是一个 NP-hard 问题。问题假定对包含 n 个整数的集合 $\{a_1,a_2,\cdots,a_n\}$，存在一个分割使得两个分割子集内的整数求和相等。寻求一个算法能给出最大割问题的近似解。

对第二条结论，希望最大化

$$\sum_i \sigma_i(x^T u_i)[v_i^T(1-x)]$$

其中，x 是 0-1 向量。对任意 $S \subseteq \{1,2,\cdots,n\}$，令 $u_i(S)=\sum_{i\in S}u_{ij}$，$v_i(S)=\sum_{j\in S}v_{ij}$，其中 u_{ij}，v_{ij} 分别是向量 u_i 和 v_i 的第 j 个元素。将用动态规划法最大化

$$\sum_{i=1}^k \sigma_i u_i(S) v_i(\bar{S})$$

对 $S \subseteq \{1,2,\cdots,n\}$，定义 $2k$ 维的向量 $w(S)=(u_1(S),v_1(\bar{S}),u_2(S),v_2(\bar{S}),\cdots,u_k(S),v_k(\bar{S}))$，如果罗列出所有这些向量，那么可以代入 $\sum_{i=1}^k \sigma_i u_i(S) v_i(\bar{S})$ 并得到最优解。子集 S 的个数最多有 $2n$ 个，但其中有些 S 会得到同样的 $w(S)$。在这种情况下，只需要罗列出其中一个。将 u_i 的每个坐标变成其原坐标最近距离的一个整数乘 $\frac{1}{nk^2}$。将这个生成的向量称为 $\tilde{u}_i$，以同样的方式得到 $\tilde{v}_i$。令 $\tilde{w}(S)$ 为

$$(\tilde{u}_1(S),\tilde{v}_1(\bar{S}),\tilde{u}_2(S),\tilde{v}_2(\bar{S}),\cdots,\tilde{u}_k(S),\tilde{v}_k(\bar{S}))$$

可以使用动态规划法构造所有可能的 $w(S)$。

根据动态规划法的递归性，假设已知对应于 $S \subseteq \{1,2,\cdots,i\}$ 的向量集合，希望构造一个向量集合对应于 $S \subseteq \{1,2,\cdots,i+1\}$。由于每个 $S \subseteq \{1,2,\cdots,i\}$ 能构造出两种

$S' \subseteq \{1,2,\cdots,i+1\}$，要么 $S'=S$，要么 $S'=S\cup\{i+1\}$。对于第一种情况，

$$\tilde{\boldsymbol{w}}(S')=(\tilde{\boldsymbol{u}}_1(S)+\tilde{\boldsymbol{u}}_{1,i+1},\tilde{\boldsymbol{v}}_1(\bar{S}),\tilde{\boldsymbol{u}}_2(S)+\tilde{\boldsymbol{u}}_{2,i+1},\tilde{\boldsymbol{v}}_2(\bar{S}),\cdots)$$

对于第二种情况，

$$\tilde{\boldsymbol{w}}(S')=(\tilde{\boldsymbol{u}}_1(S),\tilde{\boldsymbol{v}}_1(\bar{S})+\tilde{\boldsymbol{v}}_{1,i+1},\tilde{\boldsymbol{u}}_2(S),\tilde{\boldsymbol{v}}_2(\bar{S})+\tilde{\boldsymbol{v}}_{2,i+1},\cdots)$$

将这两个向量放进之前的集合中，然后去掉所有的重复向量。

假设 k 是个常数，将证明用式（5.5）估计式（5.4）的解 $\boldsymbol{x}$ 的误差是 $\dfrac{n^2}{\sqrt{k+1}}$。由于 $\boldsymbol{u}_i$，$\boldsymbol{v}_i$ 都是单位向量，$|\boldsymbol{u}_i(S)|,|\boldsymbol{v}_i(S)|\leqslant\sqrt{n}$，因此 $|\tilde{\boldsymbol{u}}_i(S)-\boldsymbol{u}_i(S)|\leqslant\dfrac{n}{nk^2}=\dfrac{1}{k^2}$，对于 $\boldsymbol{v}_i$ 也有类似的结果。为了找到误差的上界，用了以下基本事实：如果 a，b 是实数，$|a|,|b|\leqslant M$，且用 a' 来估计 a，用 b' 来估计 b，使得 $|a-a'|,|b-b'|\leqslant\delta\leqslant M$，则

$$|ab-a'b'|=|a(b-b')+b'(a-a')|\leqslant|a||b-b'|+(|b|+|b-b'|)|a-a'|\leqslant 3M\delta$$

用这个式子，得到

$$\left|\sum_{i=1}^{k}\sigma_i\tilde{\boldsymbol{u}}_i(S)\tilde{\boldsymbol{v}}_i(\bar{S})-\sum_{i=1}^{k}\sigma_i\boldsymbol{u}_i(S)\boldsymbol{v}_i(\bar{S})\right|\leqslant 3k\sigma_1\frac{\sqrt{n}}{k^2}\leqslant\frac{3n^{\frac{3}{2}}}{k}$$

符合想证明的上界。

下面要证明计算时间也是多项式有界的。$|\tilde{\boldsymbol{u}}_i(S)|,|\tilde{\boldsymbol{v}}_i(S)|\leqslant 2\sqrt{n}$，由于 $\tilde{\boldsymbol{u}}_i(S),\tilde{\boldsymbol{v}}_i(S)$ 的每个元素都是 $\dfrac{1}{nk^2}$ 的整数倍，因此最多有 $\dfrac{2}{\sqrt{n}k^2}$ 个可能的 $\tilde{\boldsymbol{u}}_i(S),\tilde{\boldsymbol{v}}_i(S)$ 值，可以推出 $\tilde{\boldsymbol{w}}(S)$ 的集合包含的个数不会超过 $\dfrac{1}{(nk^2)^{2k}}$，因此计算时间是多项式有界的。

用以下定理来总结以上结论。

【定理 5.7】 给定一个有向图 $G(V,E)$，对任意给定的 k，一个不小于最大割的分割减去 $O\left(\dfrac{n^2}{\sqrt{k}}\right)$ 可以在多项式时间 n 内求得。

5.4　奇异值分解在图像压缩中的应用

假设 $\boldsymbol{A}\in M_n$ 表示一个大图像的像素强度矩阵，每个元素 a_{ij} 表示的是第 ij 个像素的强度。如果 $\boldsymbol{A}$ 是 $n\times n$ 的矩阵，则 $\boldsymbol{A}$ 需要 $O(n^2)$ 个单位的空间来存储和传送。然而，可以用较少的空间来传送 $\boldsymbol{A}_k=\sigma_1\boldsymbol{u}_1\boldsymbol{v}_1^*+\sigma_2\boldsymbol{u}_2\boldsymbol{v}_2^*+\cdots+\sigma_k\boldsymbol{u}_k\boldsymbol{v}_k^*$，即前 k 个奇异值 $\sigma_1,\sigma_2,\cdots,\sigma_k$，以及相应的左右奇异向量 $\boldsymbol{u}_1,\boldsymbol{u}_2,\cdots,\boldsymbol{u}_k$ 和 $\boldsymbol{v}_1,\boldsymbol{v}_2,\cdots,\boldsymbol{v}_k$。这样需要的传送空间是 $O(kn)$ 个单位，而不是 $O(n^2)$ 个。如果 $k\ll n$，那么这个结果是非常节省空间的。对很多图像而言，如果一个较低的分辨率是足够的，则可以利用 $k\ll n$ 来重新构建一个近似图像。因此，奇异值分解是一种压缩图像的方法。

图 5.2 显示的是一个压缩图像的例子，图 5.2（a）是一张 512×512 像素的图，使用奇异值分解后，先选 $k=8$ 得到 $\boldsymbol{A}_k$（图 5.2（b）），然后是 $k=16$ 和 $k=64$（分别显示在图 5.2（c）和图 5.2（d）中），可以看到当 $k=64$ 时压缩图像已经非常接近原图。

在一个更复杂的方法中，对特定某类图片可以使用一组固定的基，使得前100个奇异向量足以用来近似原来的图片。这也意味着，给定一个该类型矩阵，前100个奇异向量张成的空间与前200个奇异向量张成的空间并没有太大的差别。假如这些矩阵都用几百个标准基来压缩，那么将可以节省很大的传送空间，因为这几百个标准基只需要传送一次，而一个矩阵只需要传送对应于这些标准基的前几百个奇异值。

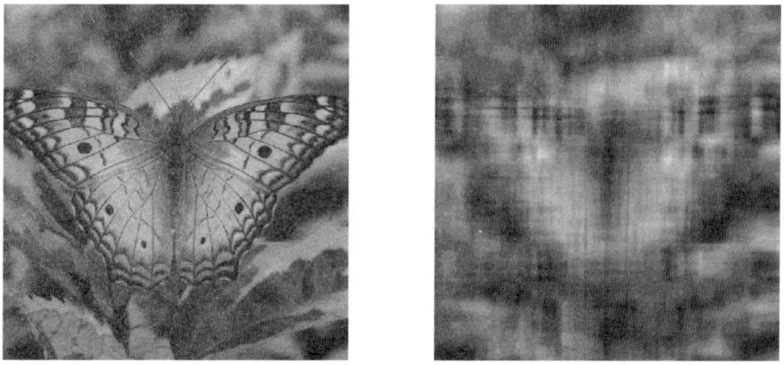

（a）原图　　　　（b）k=8

图 5.2　用最佳 k 近似矩阵来压缩图像

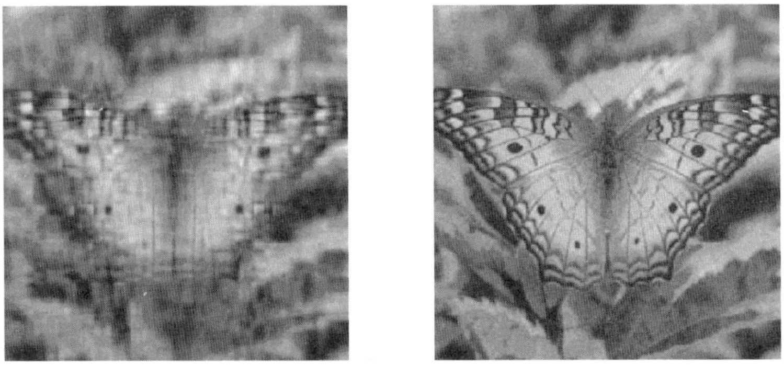

（c）k=16　　　　（d）k=64

续图 5.2

5.5 潜在语义分析

5.5.1 潜在语义分析简介

潜在语义分析（LSA）是 Deerwester 等人在 1990 年提出来的一种新的索引和检索方法。该方法和传统向量空间模型（vector space model）一样使用向量来表示词（terms）和文档（documents），并通过向量间的关系（如夹角）来判断词及文档间的关系；不同的是，LSA 将词和文档映射到潜在语义空间，从而去除了原始向量空间中的一些“噪声”，提高了信息检索的精确度。

5.5.2 传统方法的缺点

传统向量空间模型使用精确的词匹配，即精确匹配用户输入的词与向量空间中存在的词。由于一词多义（polysemy）和一义多词（synonymy）的存在，该模型无法提供给用户语义层面的检索。比如用户搜索“automobile”，即汽车，传统向量空间模型仅仅会返回包含“automobile”单词的页面，而实际上包含“car”单词的页面也可能是用户所需要的。图 5.3 是参考文献[21]里举的一个例子：

	Access	Document	Retrieval	Information	Theory	Database	Indexing	Computer	REL	MATCH
文档 1	X	X	X			X	X		R	
文档 2				X*	X			X*		M
文档 3			X	X*				X*	R	M

图 5.3　词-文档矩阵

图 5.3 是一个词-文档（term-document）矩阵，X 代表该单词出现在对应的文件里，星号“*”表示该词出现在查询（query）中，当用户输入查询“IDF in computer-based information look up”时，用户是希望查找与信息检索中 IDF（文档频率）相关的网页，按照精确词匹配的话，文档 2 和文档 3 分别包含查询中的两个词，因此应该被返回，而文档 1 不包含任何查询中的词，因此不会被返回。但仔细查看会发现，文档 1 中的 Access，Retrieval，Indexing，Database 这些词都是和查询相似度十分高的，其中 Retrieval 和 look up 是同义词。显然，从用户的角度看，文档 1 应该是相关文档，应该被返回。再来看文档 2：Computer，Information，Theory，虽然包含查询中的一次词 Information，但文档 2 和 IDF 或信息检索无关，不是用户需要的文档，不应该被返回。从以上分析可以看出，在本次检索中，和查询相关的文档 1 并未返回给用户，而与查询无关的文档 2 却返回给了用户。这就是同义词和多义词导致传统向量空间模型检索精确度下降的原因。

5.5.3　LSA 如何解决这些问题

LSA 的目的就是要找出词在文档和查询中真正的含义，也就是潜在语义，从而解决上述问题。具体来说，就是对一个大型的文档集合使用一个合理的维度建模，并将词和文档都表示到该空间，比如有 2 000 个文档，包含 7 000 个索引词，LSA 使用一个维度为 100 的向量空间将文档和词表示到该空间，进而在该空间进行信息检索。而将文档表示到此空间的过程就是奇异值分解和降维的过程。降维是 LSA 分析中最重要的一步，通过降维，去除了文档中的“噪声”，也就是无关信息（比如词的误用或不相关的词偶尔出现在一起），语义结构逐渐呈现。相比传统向量空间，潜在语义空间的维度更小，语义关系更明确。

5.5.4 LSA 的基本概念

LSA 的技巧就是将查询和文档投影到一个潜在语义空间。在潜在语义空间里，即使一个查询和一个文档没有相同的词，也可以有很高的余弦相似度，只要它们的词是潜在语义相似的。可以把 LSA 看作是一个相似度的测度，作为替代寻找相同词汇的相似测度法（如 tf.idf）。

由于所投影的潜在语义空间的维度比原空间的维度小（原空间的维度与词汇数量相同），因此 LSA 实际上是一种降维度方法。降维度方法通常把高维度空间的向量用低维度空间的向量来近似表达，而为了可视化还常常选择二维或者三维空间作为所投影的空间。

潜在语义分析是奇异值分析在一个词-文档的矩阵的应用。对 n 维矩阵 $\boldsymbol{A}$，奇异值分解后用 k 维矩阵 $\boldsymbol{A}_k$ 来近似 $\boldsymbol{A}$，其中 $k \ll n$，而两个矩阵之间的距离的 2-范数可以表示为

$$\Delta = \| \boldsymbol{A} - \boldsymbol{A}_k \|_2$$

在 LSA 的应用中，n 是所收集的词汇类总数，而 k 通常选择为 100～150。于是这个投影将一个文档的 n 维向量投影到 k 维的降维空间中。

尽管 k 的减少会消除很多噪声，但 k 太小也可能会失去很多重要的信息。如同 Deerwester 等用一个医药摘要的测试数据库所讨论的那样，LSA 会在 k 取 10～20 个维度时有明显效果，在 k 取 70～100 个维度时有最好的效果，然后随着 k 继续增大，搜索效果开始降低。这个规律在其他数据的应用中也一致。LSA 在 k 比较小的时候有效，表明所选取的潜在语义空间把握住了大多数有意义的结构。

5.5.5 查询

信息检索中，用户的查询必须用 k 维空间的向量来表示，然后再与数据库里的文档比较。一个查询是数个词汇的集合。例如，如果词-文档矩阵的奇异值分解为

$\boldsymbol{A}_k = \sum_{i=1}^{k} \sigma_i \boldsymbol{u}_i \boldsymbol{v}_i^{\mathrm{T}}$，用户查询的词汇集向量 $\boldsymbol{q}$ 可以投影为

$$\hat{\boldsymbol{q}} = \boldsymbol{q}^{\mathrm{T}}(\sigma_1^{-1}\boldsymbol{u}_1, \sigma_2^{-1}\boldsymbol{u}_2, \cdots, \sigma_k^{-1}\boldsymbol{u}_k)$$

以上等式可以理解为 $\boldsymbol{q}$ 这个查询向量的每个词乘投影后的词权重。然后该查询向量可以跟已有的所有文档向量相比较，并按照查询向量与文档向量之间的相似性给所有的文档进行排序。一个常用的相似性测度是查询向量和文档向量之间夹角的余弦值。通常，只要一个文档向量与查询向量之间夹角的余弦值超过某个阈值，该文档就会回归用户的检索。

5.5.6　升级

在实际应用中有一个问题是如何将新的查询和新的文档投影到降维空间里。奇异值分解只提供了词-文档矩阵 $\boldsymbol{A}$ 的文档向量的降维表达式,但不希望每次增加一个新的查询或者新的文档时，都重新计算一次新的奇异值分解。目前有两种包容新文档和新词的办法:

①对于新的词-文档矩阵，重新计算奇异值分解;

②将新词和新文档包容到旧的降维空间上。

首先定义一些在讨论“升级”时用到的概念。

①“升级”指的是把新的词或者文档加到已有的 LSA 数据库。升级的意思可以是包容或者奇异值重新分解。

②奇异值分解升级是一种新的升级方法。

③包容词或者文档是一种用已有的奇异值分解来表达新的信息的方法，是一种比奇异值分解升级简单很多的方法。

④重新计算奇异值分解不是一种升级方法，只是一种构造加入新词或新文档的潜在语义数据库的方法，这种方法可以跟以上两种升级方法相比较。对于增大的词-文档矩阵，重新计算奇异值分解需要更多的计算时间，甚至可能由于内存的局限而无法重新计算。与之对比的是，包容是基于已有的潜在语义结构，即现有的矩阵 $\boldsymbol{A}$，

因此新的词和文档都对之前的词和文档在潜在语义空间里的表达方式没有影响。包容需要较少的计算时间和内存容量，但可以让新词和新文档的表达方式有退化效果。而且，为了能有效处理很大的文档集，希望选取一个样本做奇异值分解（譬如三分之一或者四分之一的总文档量），然后剩下的文档也可以被包容。包容文档主要是前面介绍的查询表达的一个过程。每个新文档都可以表达为成分词向量的权重和。一旦一个新文档向量在潜在语义空间有了一个表达方式，那么它就可以加进已有的文档向量中。类似地，新的词也可以表达为文档向量的权重和。

5.5.7 优点

LSA 通过降维得到的潜在语义空间，能够更准确地表达文档和查询的实质内容，这里的“潜在”一词，强调的是该空间所蕴含的语义信息，它更真实地反映了文档和查询的内在含义。这个真实的表达，又往往被掩盖住了，因为潜在语义空间的一个维度都是由一些文档中的一些词汇集合和另一些文档的不同词汇集合来表达的。LSA 恢复了原本的潜在空间结构和其原本的维度。

Deerwester 等描述了 LSA 表达的三个主要优点：同义性，多义性和词依赖性。

（1）同义性。

同义性指的是同样的概念可以用不同的词来描述。传统的检索回归策略很难寻找同话题却不同词汇的文档。而在 LSA 中，查询的概念和所有文档里同义的词汇，都用相似的成分向量比重和来表达。

（2）多义性。

多义性描述了一些词汇具有多种意思的性质，这也是语言中的常见现象。查询时遇到大量的多义词将明显降低搜索的精确性。人们会希望通过 LSA 的方法给数据降噪，也就是说对某些固定的词汇会尽量用得少一些。然而，由于 LSA 的词汇向量是该词汇的不同意义的权重平均，所以当所选取的查询向量与对应的权重平均很不一样时，搜索的精度就会降低。

（3）词依赖性。

传统的向量空间模型假设词汇之间是不相关的，而且词可以看作是向量空间的正交基。由于语言里的词汇之间有很强的联系，因此这个假设是不符合现实的。当词不相关可以表示为最合理的一次近似，利用词汇之间的联系可能会获得更好的检索结果。这种方法的最简单应用是给查询的词汇增加共同的词组。另外，LSA 空间的维度是彼此正交的，而词汇在 LSA 降维后的空间的位置反映了它们在文档里的相关性。

5.5.8　缺点

（1）存储。

很多文档有超过 150 个唯一的词，所以假如把总空间的维度降到 150 维的话，稀疏向量表达会占据比奇异值分解的表达更多的存储空间。在现实应用中，恰恰相反。例如，Cranfield 收集的词-文档矩阵有 90 441 个非零元素，而所有可能的 1 399 个向量降维到 100 个潜在语义向量时，仅存储文档就要求 139 900 个值，而存储词向量还要求另外大约 400 000 个值。同时，经过 LSA 后要求存储的值是实数，而原本的词频率都是整数，于是更加大了存储成本。使用潜在语义空间之后，不再获益于每个词都在有限个文档中出现的事实，而这个事实揭示了词-文档矩阵的稀疏性。

（2）效率。

在向量空间查询中，一个重要的加速方式是使用可逆的索引。因此，只有当文档里有词与查询的词相同时，才会被检查。但是 LSA 却不是这样运作，而是将每个文档都与查询相比较。有一个方法可以改善这个缺陷。如果查询包含的词比它在 LSA 降维后的空间的表达方式要多，那么计算相似性的时间会更长。例如，如果相关性检索是使用相关文档的所有内容来计算，那么所查询的词汇量就会增长为 LSA 向量的很多倍，这样会导致查询时间增长很快。因此，用数据结构如 k-d 树，结合 LSA 方法会很大程度上加快查询最近邻的速度，毕竟一般查询中只需要排名最靠前文档的排序，而不是全部文档排序。增加的计算成本里，大多都来源于预处理的过程，在这个过程中奇异值分解和 k-d 树都进行了计算，而实际搜索时间并没有很大程度的减少。

第 6 章　矩阵分析在复杂网络和时间序列分析中的应用

6.1　Toeplitz 矩阵和环形矩阵

20 世纪初期，德国数学家托普列茨（Toeplitz，1881—1940）首次提出 Toeplitz 矩阵的定义，并研究了它的一些简单性质，在此基础上，众多学者又给出了许多更好、更具有实用性的性质。

Toeplitz 矩阵的特点就是主对角线上的各元素相等，而平行于主对角线的每条对角线上的元素也分别相等，所以根据 Toeplitz 矩阵的定义容易看出，Toeplitz 矩阵是特殊的次对称矩阵。Toeplitz 矩阵被广泛地应用在数值分析、优化理论、概率统计、自动控制、数字信号处理、系统辨识、最小二乘估计等工程数学中，它是应用较为广泛的特殊矩阵之一，同时也是近年来计算数学领域较为热门的一种特殊矩阵之一。例如，在信号处理中，就可以通过求解 Toeplitz 矩阵方程组获得需要的参数，如递推数字滤波器的系数、一维和二维平稳自回归模型的 AR 参数等。同时，还可以应用 Toeplitz 矩阵来对偏微分方程和卷积型积分方程进行求解，求 Pade 逼近和控制理论中的最小实现问题等。目前，对 Toeplitz 矩阵的研究内容主要有两方面：一是研究 Toeplitz 矩阵的数学性质，并应用其解决实际问题；二是研究以 Toeplitz 矩阵为系数的矩阵的线性方程组的求解问题，以及怎样通过计算机来进行算法实现。

而在复杂网络与时间序列相互转换的研究中，Toeplitz 矩阵也同样起到关键的作用，Toeplitz 矩阵可使转换的过程更顺利，也使对于实际生活中的网络的转换更准确，最大限度地保持其特性。

6.1.1　Toeplitz 矩阵

【定义 6.1】设 $(a_{ij})\in \mathbf{R}^{n\times n}$，形如

$$\boldsymbol{A}=\begin{pmatrix} a_0 & a_{-1} & a_{-2} & \cdots & a_{-n} \\ a_1 & a_0 & a_{-1} & \cdots & a_{-n+1} \\ a_2 & a_1 & a_0 & \cdots & a_{-n+2} \\ \vdots & \vdots & \vdots & & \vdots \\ a_n & a_{n-1} & a_{n-2} & \cdots & a_0 \end{pmatrix}=[a_{i-j}]_{i,j=0}^{n}$$

的矩阵被称作 Toeplitz 矩阵。

由上面的矩阵形式容易看出，任何一条对角线都取相同元素的矩阵就是 Toeplitz 矩阵。其中，最为常见的矩阵是对称 Toeplitz 矩阵，即 $\boldsymbol{A}=[a_{|i-j|}]_{i,j=0}^{n}$，其中的元素还满足对称关系 $a_{-i}=a_i$，$i=1,2,\cdots,n$。由此可见，对称 Toeplitz 矩阵可以用它的第一行表示，即将对称 Toeplitz 矩阵 $\boldsymbol{A}$ 简记为 $\boldsymbol{A}=\mathrm{Toep}(a_0,a_1,\cdots,a_n)$。

【性质 6.2】两个 n 阶 Toeplitz 矩阵相加减或数乘 Toeplitz 矩阵，其结果仍然是 Toeplitz 矩阵。

【性质 6.3】Toeplitz 矩阵是次对称矩阵，有 $\boldsymbol{J}\boldsymbol{A}^{\mathrm{T}}\boldsymbol{J}=\boldsymbol{A}$ 成立，其中

$$\boldsymbol{J}=(e_1,e_2,\cdots,e_n)=\begin{pmatrix} & & & 1 \\ & & 1 & \\ & \iddots & & \\ 1 & & & \end{pmatrix}$$

则有 Toeplitz 矩阵的逆矩阵仍然是次对称矩阵，但它一般不再是 Toeplitz 矩阵。

（注：设 $\boldsymbol{A}=(a_{ij})$ 为 $m\times n$ 矩阵，$\boldsymbol{B}=(b_{ij})$ 为 $n\times m$ 矩阵，其中 $b_{ij}=a_{m-j+1,n-i+1}$，称 $\boldsymbol{B}$ 为 $\boldsymbol{A}$ 的次转置矩阵，记为 $\boldsymbol{B}=\boldsymbol{A}^{-}$，若 $\boldsymbol{A}^{-}=\boldsymbol{A}$，则称 $\boldsymbol{A}$ 为次对称矩阵。）

【定义 6.4】如果$|i-j|>2$时，$a_{ij}=0$，则$n\times n$阶矩阵$\boldsymbol{A}=(a_{ij})$称为五对角矩阵。五对角 Toeplitz 矩阵为

$$\boldsymbol{A}=\begin{pmatrix} a_0 & a_1 & a_2 & & \\ a_1 & a_0 & a_1 & \ddots & \\ a_2 & a_1 & a_0 & \ddots & a_2 \\ & \ddots & \ddots & \ddots & a_1 \\ & & a_2 & a_1 & a_0 \end{pmatrix}$$

【定义 6.5】如果$|i-j|>1$时，$a_{ij}=0$，则$n\times n$阶矩阵$\boldsymbol{A}=(a_{ij})$称为三对角矩阵。三对角 Toeplitz 矩阵为

$$\boldsymbol{A}=\begin{pmatrix} a_0 & a_1 & & & \\ a_{-1} & a_0 & a_1 & & \\ & a_{-1} & a_0 & \ddots & \\ & & \ddots & \ddots & a_1 \\ & & & a_{-1} & a_0 \end{pmatrix}$$

【定义 6.6】设$\boldsymbol{A}=(a_{ij})\in\mathbf{R}^{n\times n}$，当$i\geqslant j$时，矩阵的元素满足$a_{ij}=\xi_{j-i}$；当$i<j$时，$a_{ij}=0$，则称矩阵$\boldsymbol{A}$是下三角 Toeplitz 矩阵，形如

$$\boldsymbol{A}=\begin{pmatrix} \xi_0 & & & \\ \xi_{-1} & \xi_0 & & \\ \vdots & \ddots & \ddots & \\ \xi_{1-n} & \cdots & \xi_{-1} & \xi_0 \end{pmatrix}$$

上三角 Toeplitz 矩阵的定义与下三角 Toeplitz 矩阵的定义恰好相反，上三角 Toeplitz 矩阵形如

$$\boldsymbol{A}=\begin{pmatrix} \xi_0 & \xi_1 & \cdots & \xi_{n-1} \\ & \xi_0 & \ddots & \vdots \\ & & \ddots & \xi_1 \\ & & & \xi_0 \end{pmatrix}$$

【性质 6.7】上（下）三角 Toeplitz 矩阵的逆矩阵仍然为上（下）三角 Toeplitz 矩阵。

【例 6.1】Toeplitz 矩阵有很多应用，$\boldsymbol{x}=(x_0,x_1,\cdots,x_{n-1})'=\begin{pmatrix} x_0 \\ x_1 \\ \vdots \\ x_{n-1} \end{pmatrix}$是一个列向量，Toeplitz 矩阵 $\boldsymbol{A}$ 中的元素 a_k 为零，其中 $k<0$，则

$$\boldsymbol{y}=\boldsymbol{A}\boldsymbol{x}=\begin{pmatrix} a_0 & & \\ a_1 & a_0 & \\ \vdots & \ddots & \ddots \\ a_{n-1} & \cdots & a_1 & a_0 \end{pmatrix}\begin{pmatrix} x_0 \\ x_1 \\ \vdots \\ x_{n-1} \end{pmatrix}=\begin{pmatrix} a_0x_0 \\ a_1x_0+a_0x_1 \\ \vdots \\ \sum_{i=0}^{n-1} a_{n-1-i}x_i \end{pmatrix}$$

其中，$y_k=\sum_{i=0}^{k} t_k - \mathrm{i}x_i$ 表示带有脉冲响应 t_k 的时不变过滤器 h 的离散时间输出。同样地，这个矩阵的向量形式还可以表示离散时间过滤器的离散时间卷积。

【定义 6.8】如果一个复 Toeplitz 矩阵的元素满足复共轭对称关系 $i<j(a_{ij}=a_{ji})$，即

$$\boldsymbol{A}=\begin{pmatrix} a_0 & \overline{a_1} & \cdots & \overline{a_n} \\ a_1 & a_0 & \ddots & \vdots \\ \vdots & \ddots & \ddots & \overline{a_1} \\ a_n & \cdots & a_1 & a_0 \end{pmatrix}$$

则称 $\boldsymbol{A}$ 为 Hermitian Toeplitz 矩阵。

特别地，具有特殊结构的 Hermitian Toeplitz 矩阵

$$\boldsymbol{A}_{\mathrm{S}}=\begin{pmatrix} 0 & -\overline{a_1} & \cdots & -\overline{a_n} \\ a_1 & 0 & \ddots & \vdots \\ \vdots & \ddots & \ddots & -\overline{a_1} \\ a_n & \cdots & a_1 & 0 \end{pmatrix}$$

称为斜 Hermitian Toeplitz 矩阵；而

$$A=\begin{pmatrix} a_0 & -\overline{a_1} & \cdots & -\overline{a_n} \\ a_1 & a_0 & \ddots & \vdots \\ \vdots & \ddots & \ddots & -\overline{a_1} \\ a_n & \cdots & a_1 & a_0 \end{pmatrix}$$

则被称为是斜 Hermitian 型 Toeplitz 矩阵，其中，a_0 为实数。

容易得出，一个斜 Hermitian 型 Toeplitz 矩阵 $\boldsymbol{A}$，可以将其分解为 $\boldsymbol{A}=a_0\boldsymbol{I}+\boldsymbol{A}_S$，其中 $\boldsymbol{A}_S$ 为斜 Hermitian Toeplitz 矩阵。斜 Hermitian Toeplitz 矩阵和斜 Hermitian 型 Toeplitz 矩阵会经常出现在求解离散化的双曲差分方程过程中，所以要了解其形式。

下面来了解 Toeplitz 矩阵的另一种特殊形式——带状 Toeplitz 矩阵。带状 Toeplitz 矩阵在科学与工程计算中，以及时间序列与复杂网络之间的相互转换中，都有一定作用。考虑一组有限的数组 $\{a_k\}$，定义一个与之相关的 Toeplitz 矩阵 $\boldsymbol{A}_n=(a_{k-j}),k,j=0,1,\cdots,n-1$，$\boldsymbol{A}_n$ 的分类可由 a_k 限制，那么最简单的分类就是，对于有限数 m，如果 a_k=0，$|k|>m$，则 $\boldsymbol{A}_n$ 被称作是带状 Toeplitz 矩阵，即

$$\boldsymbol{A}_n=\begin{pmatrix}
a_0 & a_{-1} & \cdots & a_{-m} & & & & & & & \\
a_1 & a_0 & a_{-1} & \cdots & a_{-m} & & & & & & \\
\vdots & \ddots & \ddots & \ddots & & \ddots & & & & & \\
a_m & \cdots & a_1 & a_0 & a_{-1} & \cdots & a_{-m} & & & & \\
& \ddots & & \ddots & \ddots & \ddots & & \ddots & & & \\
& & a_m & \cdots & a_1 & a_0 & a_{-1} & \cdots & a_{-m} & & \\
& & & \ddots & & \ddots & \ddots & \ddots & & \ddots & \\
& & & & a_m & \cdots & a_1 & a_0 & a_{-1} & \cdots & a_{-m} \\
& & & & & \ddots & & \ddots & \ddots & \ddots & \vdots \\
& & & & & & a_m & \cdots & a_1 & a_0 & a_{-1} \\
& & & & & & & a_m & \cdots & a_1 & a_0
\end{pmatrix}$$

更一般的情况中，a_m，$m>k$ 不一定为零，则有下面两种约束条件：

（1）$\sum_{k=-\infty}^{\infty}|a_k|^2<\infty$；（2）$\sum_{k=-\infty}^{\infty}|a_k|<\infty$。

其中第二个约束条件要强于第一个。

上面是对带状 Toeplitz 矩阵的一个简单的描述，目前带状 Toeplitz 矩阵的特征值

求解问题仍然有待完善，在这里不做过多讨论。

6.1.2　环形矩阵

环形矩阵是 Toeplitz 矩阵的一种常见的特殊情况，这种形式的变换得到了显著的简化，并且对得到更好、更一般的结果起到了根本性作用。环形矩阵有很广泛的应用，例如，在涉及离散傅立叶变换（DFT）的应用程序中，环形矩阵可用于其纠错的研究。下面就来介绍一下环形矩阵的概念及其相关性质。

【定义 6.9】 Toeplitz 矩阵又一特殊情况是如下形式的矩阵：

$$\boldsymbol{C}_n = \mathrm{circ}(c_0, c_1, \cdots, c_{n-1}) = \begin{pmatrix} c_0 & c_1 & \cdots & c_{n-1} \\ c_{n-1} & c_0 & \ddots & \vdots \\ \vdots & \ddots & \ddots & c_1 \\ c_1 & \cdots & c_{n-1} & c_0 \end{pmatrix}$$

$\boldsymbol{C}_n$ 被称为环形矩阵。

【定义 6.10】 形如

$$\boldsymbol{C}(r) = \begin{pmatrix} c_0 & c_1 & \cdots & c_{n-1} \\ rc_{n-1} & c_0 & \ddots & \vdots \\ \vdots & \ddots & \ddots & c_1 \\ rc_1 & \cdots & rc_{n-1} & c_0 \end{pmatrix}$$

的 n 阶矩阵称为 r-循环 Toeplitz 矩阵。

【性质 6.11】 循环 Toeplitz 矩阵的逆矩阵仍然为循环 Toeplitz 矩阵。

【定义 6.12】 如果令矩阵

$$\boldsymbol{A} = \begin{pmatrix} 0 & 1 & & & \\ 0 & 0 & \ddots & & \\ \vdots & \vdots & \ddots & 1 & \\ 0 & 0 & \cdots & 0 & 1 \\ 1 & 0 & \cdots & 0 & 0 \end{pmatrix}$$

为基本矩阵，则环形矩阵 $\boldsymbol{C}_n$ 可表示为

$$\boldsymbol{C}_n = c_0\boldsymbol{I} + c_1\boldsymbol{A} + c_2\boldsymbol{A}^2 + \cdots + c_{n-1}\boldsymbol{A}^{n-1}$$

正是因为 $\boldsymbol{C}_n$ 可以表示成上述形式，对环形矩阵的研究才可以进行下去。由矩阵运算法则不难推出，环形矩阵的线性运算及乘积都是环形矩阵，同时，乘法满足交换律，环形矩阵的逆矩阵也是环形矩阵，即

$$\boldsymbol{C}_n^{-1} = \mathrm{circ}(b_0, b_1, \cdots, b_{n-1})$$

其中

$$b_j = \frac{1}{n}\sum_{k=0}^{n-1} \lambda_{n-j}^k [f(\lambda_k)]^{-1}, \quad j = 1, 2, \cdots, n-1$$

$$b_0 = \frac{1}{n}\sum_{k=0}^{n-1} \lambda_0^k [f(\lambda_k)]^{-1}, \quad \lambda_k = \mathrm{e}^{\frac{2k\pi}{n}\mathrm{i}} = \cos\frac{2k\pi}{n} + \mathrm{i}\sin\frac{2k\pi}{n}, \quad k = 0, 1, \cdots, n-1$$

λ_k 是 n 次二项方程 $\lambda_k^n - 1 = 0$ 的 n 个 n 次单位根，而 $f(x)$ 为

$$f(x) = c_0 + c_1 x + c_2 x^2 + \cdots + c_{n-1} x^{n-1}$$

由此可以看出环形矩阵可逆的条件是 $f(\lambda_k) \neq 0$，$k = 0, 1, 2, \cdots, n-1$。

在数值代数的研究中，会得到如下形式的 Jacobi 矩阵：

$$\boldsymbol{J}_n = (c, a, d)_1^n = \begin{pmatrix} a & d & & & \\ c & a & d & & \\ & \ddots & \ddots & \ddots & \\ & & c & a & d \\ & & & c & a \end{pmatrix}$$

对其加上一行和一列，则可以得到一个环形矩阵

$$\mathrm{circ}(a, d, 0, \cdots, 0, c) = \begin{pmatrix} a & d & 0 & \cdots & c \\ c & a & d & \cdots & 0 \\ \vdots & \ddots & \ddots & \ddots & \vdots \\ 0 & \cdots & c & a & d \\ d & \cdots & 0 & c & a \end{pmatrix}$$

这样，就可以使用环形矩阵的某些特性来获得 $\boldsymbol{J}_n$ 的一些结果。

6.1.3 Yule-Walker 方程组

在这里考虑一类特殊的 Toeplitz 方程组

$$\boldsymbol{T}_n\boldsymbol{y} = -(\gamma_1,\cdots,\gamma_{n-1},\gamma_n)^{\mathrm{T}}$$

其中，$\gamma_1,\cdots,\gamma_{n-1}$ 是 Toeplitz 矩阵 $\boldsymbol{T}_n$ 中的 $n-1$ 个常数，γ_n 是任意给定的实数。这类方程组称作 Yule-Walker 方程组。

根据此类方程组右端项的特殊性，若记 $\boldsymbol{y}_k$ 为 k 阶 Yule-Walker 方程组

$$\boldsymbol{T}_k\boldsymbol{y}_k = -(\gamma_1,\gamma_2,\cdots,\gamma_k)^{\mathrm{T}},\quad k=1,2,\cdots,n \tag{6.1}$$

的解，则可以利用 $\boldsymbol{y}_k$ 推导出 $\boldsymbol{y}_{k+1}$。因此，记

$$\boldsymbol{y}_{k+1} = \begin{pmatrix} z_k \\ \alpha_k \end{pmatrix}\begin{matrix} k \\ 1 \end{matrix},\quad \boldsymbol{r}_k = (\gamma_1,\cdots,\gamma_k)^{\mathrm{T}}$$

则 $\boldsymbol{T}_{k+1}\boldsymbol{y}_{k+1} = -(\gamma_1,\gamma_2,\cdots,\gamma_{k+1})^{\mathrm{T}}$ 可以表示成如下形式：

$$\begin{pmatrix} \boldsymbol{T}_k & \boldsymbol{E}_k\boldsymbol{r}_k \\ \boldsymbol{r}_k^{\mathrm{T}}\boldsymbol{E}_k & 1 \end{pmatrix}\begin{pmatrix} \boldsymbol{z}_k \\ \alpha_k \end{pmatrix} = -\begin{pmatrix} \boldsymbol{r}_k \\ \gamma_{k+1} \end{pmatrix}$$

即有

$$\boldsymbol{T}_k\boldsymbol{z}_k + \alpha_k\boldsymbol{E}_k\boldsymbol{r}_k = -\boldsymbol{r}_k \tag{6.2}$$

$$\boldsymbol{r}_k^{\mathrm{T}}\boldsymbol{E}_k\boldsymbol{z}_k + \alpha_k = -\gamma_{k+1} \tag{6.3}$$

这里的 $\boldsymbol{E}_k$ 表示 k 阶反序单位矩阵。

显然 $\boldsymbol{T}_k$ 是对称正定的 Toeplitz 矩阵，即有 $\boldsymbol{T}_k^{-1}\boldsymbol{E}_k = \boldsymbol{E}_k\boldsymbol{T}_k^{-1}$。又因为 $\boldsymbol{y}_k = -\boldsymbol{T}_k^{-1}\boldsymbol{r}_k$，则式（6.2）整理可得

$$\boldsymbol{z}_k = \boldsymbol{T}_k^{-1}(-\boldsymbol{r}_k - \alpha_k\boldsymbol{E}_k\boldsymbol{r}_k) = \boldsymbol{y}_k + \alpha_k\boldsymbol{E}_k\boldsymbol{y}_k \tag{6.4}$$

将式（6.4）代入式（6.3）得

$$(1+\boldsymbol{r}_k^{\mathrm{T}}\boldsymbol{y}_k)\alpha_k = -\gamma_{k+1} - \boldsymbol{r}_k^{\mathrm{T}}\boldsymbol{E}_k\boldsymbol{y}_k \tag{6.5}$$

另外，由

$$\begin{pmatrix} \boldsymbol{I}_k & \boldsymbol{E}_k\boldsymbol{y}_k \\ \boldsymbol{0}_{1\times k} & 1 \end{pmatrix}^{\mathrm{T}} \begin{pmatrix} \boldsymbol{T}_k & \boldsymbol{E}_k\boldsymbol{r}_k \\ \boldsymbol{r}_k^{\mathrm{T}}\boldsymbol{E}_k & 1 \end{pmatrix} \begin{pmatrix} \boldsymbol{I}_k & \boldsymbol{E}_k\boldsymbol{y}_k \\ \boldsymbol{0}_{1\times k} & 1 \end{pmatrix} = \begin{pmatrix} \boldsymbol{T}_k & \boldsymbol{0} \\ \boldsymbol{0} & 1+\boldsymbol{r}_k^{\mathrm{T}}\boldsymbol{y}_k \end{pmatrix}$$

和$\boldsymbol{T}_{k+1}$的正定性，可知

$$1+\boldsymbol{r}_k^{\mathrm{T}}\boldsymbol{y}_k > 0$$

因此，在式（6.5）两边同时除以$1+\boldsymbol{r}_k^{\mathrm{T}}\boldsymbol{y}_k$，可以得到

$$\alpha_k = -\frac{\gamma_{k+1}+\boldsymbol{r}_k^{\mathrm{T}}\boldsymbol{E}_k\boldsymbol{y}_k}{1+\boldsymbol{r}_k^{\mathrm{T}}\boldsymbol{y}_k} \tag{6.6}$$

这样，就找到了$\boldsymbol{y}_k$与$\boldsymbol{y}_{k+1}$之间的关系，从而，就可以从一阶 Yule-Walker 方程组的解$\boldsymbol{y}_k$出发，利用式（6.6）和式（6.4）递推求得方程组（6.1）的解。

此外，令

$$\delta_k = 1+\boldsymbol{r}_k^{\mathrm{T}}\boldsymbol{y}_k，\quad k=1,2,\cdots,n-1$$

则

$$\delta_{k+1} = 1+\boldsymbol{r}_{k+1}^{\mathrm{T}}\boldsymbol{y}_{k+1} = 1+(\boldsymbol{r}_{k+1}^{\mathrm{T}})\begin{pmatrix} \boldsymbol{y}_k+\alpha_k\boldsymbol{E}_k\boldsymbol{y}_k \\ \alpha_k \end{pmatrix}$$

$$= 1+\boldsymbol{r}_k^{\mathrm{T}}\boldsymbol{y}_k+\alpha_k(\boldsymbol{r}_{k+1}+\boldsymbol{r}_k^{\mathrm{T}}\boldsymbol{E}_k\boldsymbol{y}_k) = (1-\alpha_k^2)\delta_k$$

对于一般右端项的 Toeplitz 方程组$\boldsymbol{T}_n\boldsymbol{x}=\boldsymbol{b}$，其中$\boldsymbol{b}=(\beta_1,\cdots,\beta_n)^{\mathrm{T}}\in\mathbf{R}^n$是已知向量。类似于 Yule-Walker 方程组的求解过程，假定$\boldsymbol{x}_k\in\mathbf{R}^k$是$k$阶方程组

$$\boldsymbol{T}_k\boldsymbol{x}_k = (\beta_1,\cdots,\beta_k)^{\mathrm{T}}，\quad k=1,2,\cdots,n$$

的解，则有

$$\boldsymbol{x}_{k+1} = \begin{pmatrix} \boldsymbol{x}_k+\mu_k\boldsymbol{E}_k\boldsymbol{y}_k \\ \mu_k \end{pmatrix} \tag{6.7}$$

其中，$\boldsymbol{y}_k$是k阶 Yule-Walker 方程组（6.1）的解；$\boldsymbol{E}_k$表示k阶反序单位矩阵；

$$\mu_k = \frac{\beta_{k+1} - \boldsymbol{r}_k^{\mathrm{T}} \boldsymbol{E}_k \boldsymbol{x}_k}{1 + \boldsymbol{r}_k^{\mathrm{T}} \boldsymbol{y}_k}$$

这里 $\boldsymbol{r}_k = (\gamma_1, \cdots, \gamma_k)^{\mathrm{T}}$。

这样，便可以从 $\boldsymbol{x}_1$ 出发求得式（6.7）中的解 $\boldsymbol{x}$。

【例 6.2】考虑一个实的自回归模型

$$\boldsymbol{x}(t) + \sum_{i=1}^{p} a_i \boldsymbol{x}(t-i) = \boldsymbol{e}(t)$$

其中，$\boldsymbol{e}(t)$ 为零均值、方差 σ^2 的高斯白噪声。等式两边同时乘 $\boldsymbol{x}(t-1)$，然后取期望，则得到 Yule-Walker 方程

$$\sum_{i=0}^{p} a_i r_{l-i} = \sigma^2 \delta(l)$$

如果 $l = 0, 1, \cdots, p$，则有

$$\begin{pmatrix} r_0 & r_{-1} & \cdots & r_{-p} \\ r_1 & r_0 & \cdots & r_{-p+1} \\ \vdots & \vdots & & \vdots \\ r_p & r_{p-1} & \cdots & r_0 \end{pmatrix} \begin{pmatrix} 1 \\ a_1 \\ \vdots \\ a_p \end{pmatrix} = \begin{pmatrix} \sigma^2 \\ 0 \\ \vdots \\ 0 \end{pmatrix}$$

显然可以得到，矩阵方程 $\boldsymbol{Rx} = \boldsymbol{b}$ 的实协方差矩阵 $\boldsymbol{R} = [r_{i-j}]_{i,j=0}^{p}$ 就是 Toeplitz 矩阵。由于实协方差函数为偶函数，即 $r_{-k} = r_k$，$k = 1, 2, \cdots$，故 $\boldsymbol{R}$ 是一个对称 Toeplitz 矩阵。这是一个简单的 Toeplitz 矩阵应用于 AR 模型中的例子，通过 Yule-Walker 方程能解决很多类似的问题。

6.1.4　Toeplitz 矩阵的逆矩阵的计算

Toeplitz 矩阵的逆矩阵一般不再是 Toeplitz 矩阵。但是，其逆矩阵可以表示成一些三角 Toeplitz 矩阵的乘积。

现在来考虑求解 $\boldsymbol{T}_n^{-1}$ 的问题。设 $\boldsymbol{T}_n^{-1} = \begin{pmatrix} \boldsymbol{T}_{n-1} & \boldsymbol{E}_{n-1} \boldsymbol{r}_{n-1} \\ \gamma_{n-1}^{\mathrm{T}} \boldsymbol{E}_{n-1} & 1 \end{pmatrix}$，则有

$$\boldsymbol{T}_n^{-1}\begin{pmatrix}\boldsymbol{X} & \boldsymbol{v}\\ \boldsymbol{v}^{\mathrm{T}} & \sigma\end{pmatrix}=\boldsymbol{I}_n=\begin{pmatrix}\boldsymbol{I}_{n-1} & \boldsymbol{0}\\ \boldsymbol{0} & 1\end{pmatrix}$$

可得

$$\boldsymbol{T}_{n-1}\boldsymbol{X}+\boldsymbol{E}_{n-1}\boldsymbol{r}_{n-1}\boldsymbol{v}^{\mathrm{T}}=\boldsymbol{I}_{n-1} \tag{6.8}$$

$$\boldsymbol{T}_{n-1}\boldsymbol{v}+\sigma\boldsymbol{E}_{n-1}\boldsymbol{r}_{n-1}=\boldsymbol{0} \tag{6.9}$$

$$\gamma_{n-1}^{\mathrm{T}}\boldsymbol{E}_{n-1}\boldsymbol{v}+\sigma=1 \tag{6.10}$$

由式（6.9）可得

$$\boldsymbol{v}=\sigma\boldsymbol{E}_{n-1}\boldsymbol{y}_{n-1} \tag{6.11}$$

其中，$\boldsymbol{y}_{n-1}$ 为 $n-1$ 阶 Yule-Walker 方程组的解。

将式（6.11）代入式（6.10）并整理，得

$$\sigma=\frac{1}{1+\gamma_{n-1}^{\mathrm{T}}\boldsymbol{y}_{n-1}} \tag{6.12}$$

这样，只需求得 $n-1$ 阶 Yule-Walker 方程组的解 $\boldsymbol{y}_{n-1}$，就可以由式（6.12）和式（6.11）求出 $\boldsymbol{T}_n^{-1}$ 的最后一行和最后一列。

再来讨论 $\boldsymbol{X}=[\xi_{ij}]$ 所具有的特性，从式（6.8）中可得

$$\boldsymbol{X}=\boldsymbol{T}_{n-1}^{-1}-\boldsymbol{T}_{n-1}^{-1}\boldsymbol{E}_{n-1}\gamma_{n-1}\boldsymbol{v}^{\mathrm{T}}=\boldsymbol{T}_{n-1}^{-1}+\frac{\boldsymbol{v}\boldsymbol{v}^{\mathrm{T}}}{\sigma} \tag{6.13}$$

其中，最后一个等式利用了 $\boldsymbol{T}_{n-1}^{-1}\boldsymbol{E}_{n-1}\boldsymbol{r}_{n-1}=-\boldsymbol{E}_{n-1}\boldsymbol{y}_{n-1}$ 和式（6.11）。

由于 $\boldsymbol{T}_{n-1}^{-1}=[t_{ij}]$ 是广对称的，故从式（6.13）中可得

$$\xi_{ij}=e_{ij}+\frac{v_i v_j}{\sigma}=t_{n-j,n-i}+\frac{v_i v_j}{\sigma}=\xi_{n-j,n-i}+\frac{v_i v_j-v_{n-i}v_{n-j}}{\sigma} \tag{6.14}$$

这里的 v_i 表示 $\boldsymbol{v}$ 的第 i 个分量，即虽然 $\boldsymbol{X}$ 不是广对称矩阵，但是它的元素 ξ_{ij} 可由它的对角线对称元素 $\xi_{n-j,n-i}$ 确定。这样一来，就可以利用 $\boldsymbol{T}_n^{-1}$ 的广对称性和式（6.14），从 $\boldsymbol{T}_n^{-1}$ 的边缘出发，逐层向内计算，求得 $\boldsymbol{T}_n^{-1}$ 的全部元素。

下面介绍一个由复杂网络转换到时间序列上的 Toeplitz 矩阵和环形矩阵应用实

例。这是在信号处理和时间序列分析中关于对称 Toeplitz 矩阵的示例。通过这个例子，可以更深入地了解到 Toeplitz 矩阵和环形矩阵的重要性。该例子利用环形矩阵理论，从理论上解释为什么环形晶格可以被转换成时间序列。Watts 和 Strogatz 在 1998 年提出了一类复杂网络模型，称为小世界模型（也称 WS 模型），该模型将高聚类系数和低平均路径长度作为特征。在这种网络中，大部分的节点彼此并不相连，但绝大部分节点之间通过少数的几步就可以到达。

对小世界模型进行分析，小世界模型的构造是由一个含有 N 个节点环形规则网络开始，每个节点向与它最邻近的 K 个节点连出 K 条边，并满足 $N \gg K \gg \ln N \gg 1$。以概率 p 随机重新连接网络中的每条边，即边的一个端点保持不变，另一个端点取为网络中随机选择的一个节点。规定任意两个不同的节点之间至多只能有一条边，并且每个节点都不能出现边与自身相连的情况。这样就会产生 $\frac{pNK}{2}$ 条长程的边把一个节点和远处的节点联系起来。在小世界模型中的环形晶格的邻接矩阵（在 6.2 节中有介绍）

$$\boldsymbol{C}=\begin{pmatrix} c_0 & c_1 & \cdots & c_{N-1} \\ c_{N-1} & c_0 & \ddots & \vdots \\ \vdots & \ddots & \ddots & c_1 \\ c_1 & \cdots & c_{N-1} & c_0 \end{pmatrix}=\operatorname{circ}(c_0,c_1,\cdots,c_{N-1})$$

即为环形矩阵。

令

$$\boldsymbol{J}_N=\boldsymbol{E}-\frac{1}{N}\mathbf{1}_N\mathbf{1}_N^{\mathrm{T}}$$

其中，$\boldsymbol{E}$ 为 $N\times N$ 阶的单位矩阵；$\mathbf{1}_N$ 为 N 阶矩阵的一个列向量。易知环形晶格生成的距离矩阵 $\boldsymbol{D}$（在 6.3 节中有介绍）和矩阵 $\boldsymbol{J}_N$ 都是环形矩阵，则根据环形矩阵的乘积也是环形矩阵可知实对称矩阵 $\boldsymbol{G}=-\frac{1}{2}\boldsymbol{J}_N\boldsymbol{D}\boldsymbol{J}_N^{\mathrm{T}}$ 也是环形矩阵。

对于一般的环形矩阵（非对称）$\boldsymbol{C}$，它的 m 阶特征值 ξ_m 和特征向量 $\boldsymbol{o}_m$ 均由以下公式得到：

$$\xi_m = \sum_{j=0}^{N-1} c_j \omega^{mj}\ ,\quad \boldsymbol{o}_m = (1, \omega^m, \cdots, \omega^{m(N-1)})^{\mathrm{T}}$$

其中，$\omega = \mathrm{e}^{-\frac{2\pi\mathrm{i}}{N}}$，i 是虚数单位，它的复数特征值和相应的特征向量都是复共轭的，即

$$\bar{\xi}_m = \xi_{N-m}\ ,\quad \bar{\boldsymbol{o}}_m = \boldsymbol{o}_{N-m}$$

若 $\boldsymbol{C}$ 是实数矩阵且对称，则它的特征值是实数且有两个根 $(\xi_m = \xi_{N-m})$，特征向量 $\boldsymbol{o}_m$ 的实部和虚部分别为 $\mathrm{Re}\,\boldsymbol{o}_m$、 $\mathrm{Im}\,\boldsymbol{o}_m$。

将 $\boldsymbol{G}$ 的特征向量看作时间序列，则由环形晶格转换成的时间序列是周期的

$$s_m(t) = \sqrt{\xi_m}\,\mathrm{Re}\,\omega^{mt} = \sqrt{\xi_m}\cos\frac{-2\pi mt}{N}$$

或者

$$s_m(t) = \sqrt{\xi_m}\,\mathrm{Im}\,\omega^{mt} = \sqrt{\xi_m}\sin\frac{-2\pi mt}{N}$$

通过这样的一个实例，看到由 Toeplitz 矩阵和环形矩阵的性质则可推出时间序列的相应性质，同时还可以对其进行加噪处理，利用微扰理论分析怎样将小世界网络转换成带有噪声的周期时间序列，通过此理论分析当 $\boldsymbol{T}$ 发生扰动时，$\boldsymbol{T}$ 的特征值 $\lambda_m (1 \leqslant m \leqslant h)$ 和特征向量 $\boldsymbol{p}_m$ 是如何变化的。

令 $\boldsymbol{T}(\kappa)$ 为 $\boldsymbol{T}$ 中含有微小扰动的矩阵，则 $\boldsymbol{T}(\kappa)$ 可以表示成 $\boldsymbol{T}(\kappa) = \boldsymbol{T} + \kappa\boldsymbol{T}'$，其中，$\boldsymbol{T}$ 是没有扰动的状态，$\kappa\boldsymbol{T}'$ 则表示扰动。令 $\boldsymbol{p}_{m,1}, \cdots, \boldsymbol{p}_{m,n_m}$ 为 m 阶特征值 λ_m 的特征向量，同时令向量 $\boldsymbol{q}_{m,\alpha} = \sum_{r=1}^{n_m} a_{m,r}^{(\alpha)} \boldsymbol{p}_{m,r}$ 满足 $\boldsymbol{T}\boldsymbol{q}_{m,\alpha} = \lambda_m \boldsymbol{q}_{m,\alpha}$，这里的 $a_{m,r}^{(\alpha)}$ 为任意标量值。$\boldsymbol{T}(\kappa)$ 的特征值 $\lambda'_{m,\alpha}$ 和特征向量 $\boldsymbol{p}'_{m,\alpha}$ 可以近似表示成

$$\lambda'_{m,\alpha} = \lambda_m + \kappa\lambda_{m,\alpha}^{(1)} + \kappa^2\lambda_{m,\alpha}^{(2)} + \cdots \tag{6.15}$$

$$\boldsymbol{p}'_{m,\alpha} = \boldsymbol{q}_{m,\alpha} + \kappa\boldsymbol{p}_{m,\alpha}^{(1)} + \kappa^2\boldsymbol{p}_{m,\alpha}^{(2)} + \cdots \tag{6.16}$$

这里 $\lambda_{m,\alpha}^{(r)}$ 和 $\boldsymbol{p}_{m,\alpha}^{(r)}$ 都表示 r 阶扰动，从式（6.15）和式（6.16）中原始的矩阵 $\boldsymbol{T}$ 的特征值和特征向量中估计出 $\lambda'_{m,\alpha}$ 和 $\boldsymbol{p}'_{m,\alpha}$。

小世界网络的邻接矩阵 $\boldsymbol{A}$ 可以表示为 $\boldsymbol{A}=\boldsymbol{A}_0+\boldsymbol{A}_\delta$，这里 $\boldsymbol{A}_0$ 是原始环形晶格的邻接矩阵，$\boldsymbol{A}_\delta$ 表示通过对原始晶格重连边产生的修正项。从 $\boldsymbol{A}$ 中得到的距离的平方矩阵 $\boldsymbol{D}$ 可以表示为 $\boldsymbol{D}=\boldsymbol{D}_0+\kappa\boldsymbol{D}_\delta$。这里，$\boldsymbol{D}_0$ 表示 $\boldsymbol{A}_0$ 的距离的平方矩阵，$\kappa\boldsymbol{D}_\delta$ 为扰动项。那么 $\boldsymbol{D}$ 可以转换成矩阵 $\boldsymbol{G}$，即

$$\boldsymbol{G}=-\frac{1}{2}\boldsymbol{J}_N\boldsymbol{D}\boldsymbol{J}_N^{\mathrm{T}}=-\frac{1}{2}\boldsymbol{J}_N\boldsymbol{D}_0\boldsymbol{J}_N^{\mathrm{T}}-\frac{\kappa}{2}\boldsymbol{J}_N\boldsymbol{D}_\delta\boldsymbol{J}_N^{\mathrm{T}} \tag{6.17}$$

在式(6.17)中，$\boldsymbol{J}_N\boldsymbol{D}_0\boldsymbol{J}_N^{\mathrm{T}}$ 可以通过环形矩阵理论精确地计算出。将 $\boldsymbol{G}$ 看作 $\boldsymbol{T}(\kappa)$，将 $-\frac{1}{2}\boldsymbol{J}_N\boldsymbol{D}_0\boldsymbol{J}_N^{\mathrm{T}}$ 看作是没有扰动状态的 $\boldsymbol{T}$，将 $-\frac{\kappa}{2}\boldsymbol{J}_N\boldsymbol{D}_\delta\boldsymbol{J}_N^{\mathrm{T}}$ 看作是扰动项 $\kappa\boldsymbol{T}'$。通过估计直接从小世界网络转换成的原始时间序列 $s_m(t)$ 和从式（6.15）、式（6.16）中得到的其二阶近似项 $\hat{s}_m(t)$ 的相关系数来得到近似值的精确度。从小世界网络转换成的原始时间序列 $s_m(t)$，可以很好地通过已经从公式推导分析得出的高精确度的 $\hat{s}_m(t)$ 中估计出。这些结果可以清晰地表明，该小世界网络的时间序列 $s_m(t)$ 被分解成一个周期部分和一个扰动部分，因此，小世界网络可以被转化成嘈杂的周期性时间序列。

通过 Toeplitz 矩阵和环形矩阵这样一个有利的工具能更加清晰地了解时间序列的特性，从而得到更有价值的结果。对其进行有效的分解，不但能准确地认识时间序列本身，还可以深入分析其在有噪声干扰下的各种情况，为今后在时间序列的分析中，有效地识别或剔除噪声部分提供了一个很好的思路和方法。

6.2　矩阵特征谱和图谱理论

随着经济社会的飞速发展，人们早已经进入了网络时代，复杂网络已经渗透到了生活的方方面面，如交通网络、城市电网、人与人的交际网络和互联网等不胜枚举的复杂网络。人们对于复杂网络系统的研究，是基于现实生活和理论上的迫切需要，复杂网络的拓扑结构信息对于更加系统地认识网络的各种复杂功能和性质，正确构建系统模型，以及理解复杂系统行为都有重大意义。

研究复杂网络，最基本、最常用的方法就是研究任意给定网络的表征矩阵，分析该表征矩阵的性质特征，进而得到关于复杂网络的拓扑结构信息。到目前为止，

常用来将复杂网络具体化、数量化的矩阵类型主要是邻接矩阵、关联矩阵、度数矩阵和距离矩阵等。每一种类型的矩阵都有其特定的定义方式和数量规律，即每一种类型的表征矩阵都是以某一种特定的视角来刻画复杂网络的，其中邻接矩阵又是最为直接地表征出复杂网络的拓扑特征。研究邻接矩阵表征复杂网络性质，最基本的就是研究矩阵的图谱理论。矩阵的图谱理论主要涉及图的矩阵邻接谱和图的矩阵的拉普拉斯谱，并且它也是图论（特别是代数图论）和组合矩阵论共同关注的一个重要课题。研究图谱理论的主要途径是，通过将图用矩阵形式（邻接矩阵和拉普拉斯矩阵）表示，建立图的拓扑结构和图的矩阵表示的置换相似不变量之间的联系。通过矩阵论，尤其是将非负矩阵理论、对称矩阵理论和组合矩阵理论中的结论用于图的拓扑结构的研究，反过来也可以把图论的经典结论用于非负矩阵理论和组合矩阵理论，以推动后者的理论研究。

6.2.1 图谱理论的基本概念和术语

在复杂网络图谱理论的研究中，矩阵论、线性代数及置换群理论被用来分析图的邻接谱，代数方法在处理正则图（特别是强正则图）和无向图时是非常有力的工具。首先介绍一下图谱理论中的基本概念。

设 $G=(V,E)$ 为 n 阶一般（无向）图，其顶点集为 $V=V(G)=\{v_1,v_2,\cdots,v_n\}$，其边集 $E=E(G)$ 为 V 的二元重集构成的重集。为区别起见，称 E 中的元素 $\{v,v\}$ 为 G 的环；而称 E 中的元素 $\{v,u\}$ $(v\neq u)$ 为 G 的边，故 G 允许有重环和重边。若 G 无环但允许有重边，则称 G 为重图；若 G 无环且无重边，则称 G 为简单图。

类似地，可定义一般有向图 $G=(V,E)$（此时弧集 E 为 V 的元素的有序对构成的重集），以及重（简单）有向图。E 中的元素称为环或弧（当然环不必考虑其方向）。因此，一个简单有向图是指无环和无重弧的有向图。给简单图每一条边赋予任意的一个方向，得到定向图，即无对称弧的一类简单有向图。

设 $D=(V,E)$ 和 $D'=(V',E')$ 都是有向图，若 $V'\subseteq V$，$E'\subseteq E$，则称 D' 是 D 的子图，设 $W\subseteq V$，W 诱导的子图 $D(W)$ 包含以 W 为顶点的集合，以及 E 中的所有始点和终点都属于 W 的弧。

有向图 $D=(V,E)$ 的两个顶点 a 和 b 称为是强连通的，如果有一条从 a 到 b 的有向途径，也有一条从 b 到 a 的有向途径，则每个顶点都认为是和其本身强连通的。强连通关系显然的是顶点之间的一个等价关系，因而将顶点集 V 划分成不相交的子集：

$$V=V_1\cup V_2\cup\cdots\cup V_k$$

这些子集诱导的子图 $D(V_1),\cdots,D(V_k)$ 称为 D 的强连通分支。若 D 只含有一个强连通分支，则称 D 是强连通的。显然，D 是强连通的当且仅当对于 D 的任意两个顶点 i，j 都有从 i 到 j 的有向途径。

前面介绍了在图论中的一些简单的点、边等概念，下面来介绍一些关于复杂网络邻接矩阵的有关概念。对于研究复杂网络，最基本、最常用的方法就是研究任意给定网络的矩阵表征，分析该表征矩阵的性质特征，进而得到关于复杂网络的拓扑结构信息。到目前为止，常用来将复杂网络具体化、数量化的矩阵类型主要有邻接矩阵、关联矩阵、度数矩阵和距离矩阵等。每一种类型的矩阵都有其特定的定义方式和数量规律，也就是说，每一种类型的表征矩阵都是以某一个特定的视角来刻画复杂网络的。这里详细介绍一下邻接矩阵。

邻接矩阵是用来刻画一个给定复杂网络的邻接关系的矩阵，对于一个有着 n 个节点的复杂网络 G，它的邻接矩阵是一个 $n\times n$ 的对称方阵 $\boldsymbol{A}(G)$，如果该网络中的第 i 个节点和第 j 个节点是两个直接连通的节点，即二者之间有一条公共边，那么得到相应的邻接矩阵 $\boldsymbol{A}$ 中对应的位置的元素 $\boldsymbol{A}(i,j)=1$；反之，如果两个节点之间不是直接连通的，即没有边直接相连，那么邻接矩阵中相应位置的元素值为 0。按照这种定义的方法，邻接矩阵能很好地刻画一个复杂网络的邻接关系。

对于 G 的拉普拉斯矩阵 $\boldsymbol{L}(G)$ 被定义为 $\boldsymbol{D}-\boldsymbol{A}$，其中 $\boldsymbol{D}$ 为对角线元素是相应的节点的度数的对角矩阵，$\boldsymbol{A}$ 是邻接矩阵。容易看出拉普拉斯矩阵是邻接矩阵的变形形式，二者都是用来刻画复杂网络结构的工具，而特征谱就是 $\boldsymbol{A}$ 或者 $\boldsymbol{L}$ 的特征值的集合。$\boldsymbol{L}(G)$ 的特征谱在网络同步的稳定性分析和研究中有着非常重要的应用。因此网络的特征谱是分析网络结构特性和动力学特性的有力工具，而谱密度则可以用来分析网络的结构。

6.2.2 矩阵的图谱理论

1. 矩阵的特征谱分解

随着流行病传播网络和因特网等实际网络对人们日常生活的影响越来越大，人们开始越来越深入地研究这些网络的组织原则、拓扑结构和动力学特性。目前复杂网络性能指标的研究大部分还集中在复杂网络的度分布、聚类系数和平均最短路径等的模拟及分析上，它们虽然重要，但是不能全方位地反映网络的结构。然而，发现网络的邻接矩阵可以全方位地刻画网络中各个节点之间的相连关系，因此网络的邻接矩阵的特征谱可以用来比较全方位地分析网络的拓扑结构和动力学特性，并有着广泛的应用。在线性代数中，矩阵的谱分解又叫作特征分解，简单来说，将一个矩阵做谱分解，就是将它分解成其本身的特征向量与特征值的乘积。有一点需要特别强调，只有可对角化的矩阵才可以进行矩阵的特征分解。

【定义 6.13】设 $\boldsymbol{A}$ 是一个 n 阶方阵，如果对于一个复数 λ，满足等式 $\boldsymbol{Ax}=\lambda\boldsymbol{x}$，这里的 $\boldsymbol{x}$ 必须是一个非零向量，那么可以得到如下结论：复数 λ 是矩阵 $\boldsymbol{A}$ 的一个特征值，而 $\boldsymbol{x}$ 称为矩阵 $\boldsymbol{A}$ 的属于特征值 λ 的一个特征向量。

【定义 6.14】设 $\boldsymbol{A}$ 是一个 n 阶方阵，矩阵 $\lambda\boldsymbol{E}-\boldsymbol{A}$ 的行列式 $|\lambda\boldsymbol{E}-\boldsymbol{A}|$ 称为矩阵 $\boldsymbol{A}$ 的特征多项式。

【定义 6.15】对方阵 $\boldsymbol{A}\in F^{n\times n}$，设有矩阵 $\boldsymbol{A}$ 的 n 个特征值，$\boldsymbol{A}$ 互异的特征值集合 $\{\lambda_1,\lambda_2,\cdots,\lambda_n\}$ 称为矩阵 $\boldsymbol{A}$ 的谱。

【定理 6.16】设 $\boldsymbol{A}$ 是一个 n 阶实方阵，若它有 n 个不同的特征值，即矩阵 $\boldsymbol{A}$ 的特征多项式有 n 个不同的解，则矩阵 $\boldsymbol{A}$ 是可对角化的。

【定理 6.17】设 $\boldsymbol{A}$ 是一个 n 阶复方阵，若它的特征多项式没有重根，则矩阵 $\boldsymbol{A}$ 是可对角化的。

矩阵的谱分解是讨论矩阵可相似于对角形式，根据 $\boldsymbol{A}$ 的谱或者特征值把矩阵 $\boldsymbol{A}$ 分解为矩阵和的形式的一种分解。从分解中可以得到矩阵可相似于对角矩阵的一个充分必要条件。

设 $\boldsymbol{A}$ 的谱为 $\{\lambda_1,\lambda_2,\cdots,\lambda_n\}$，其中 λ_i 为 $\boldsymbol{A}$ 的 r_i 重特征值 $(i=1,2,\cdots,s)$，故有

$\sum_{i=1}^{s} r_i = n$。当 $\boldsymbol{A}$ 可以相似于对角形式时，则有可逆矩阵 $\boldsymbol{P}$ 使得

$$\boldsymbol{A} = \boldsymbol{P}\begin{pmatrix} \lambda_1 & & & & & & & & \\ & \ddots & & & & & & & \\ & & \lambda_1 & & & & & & \\ & & & \lambda_2 & & & & & \\ & & & & \ddots & & & & \\ & & & & & \lambda_2 & & & \\ & & & & & & \ddots & & \\ & & & & & & & \lambda_s & \\ & & & & & & & & \ddots & \\ & & & & & & & & & \lambda_s \end{pmatrix}\boldsymbol{P}^{-1} \tag{6.18}$$

首先，先对对角矩阵进行分解：

$$\begin{pmatrix} \lambda_1 & & & & & & & & \\ & \ddots & & & & & & & \\ & & \lambda_1 & & & & & & \\ & & & \lambda_2 & & & & & \\ & & & & \ddots & & & & \\ & & & & & \lambda_2 & & & \\ & & & & & & \ddots & & \\ & & & & & & & \lambda_s & \\ & & & & & & & & \ddots & \\ & & & & & & & & & \lambda_s \end{pmatrix}$$

$$= \lambda_1\begin{pmatrix} I_{r_1} & & & \\ & 0 & & \\ & & \ddots & \\ & & & 0 \end{pmatrix} + \lambda_2\begin{pmatrix} 0 & & & \\ & I_{r_2} & & \\ & & \ddots & \\ & & & 0 \end{pmatrix} + \cdots + \lambda_s\begin{pmatrix} 0 & & & \\ & \ddots & & \\ & & 0 & \\ & & & I_{r_s} \end{pmatrix}$$

$$= \sum_{i=1}^{s}\lambda_i\begin{pmatrix} 0 & & & & & & \\ & \ddots & & & & & \\ & & 0 & & & & \\ & & & I_{r_i} & & & \\ & & & & 0 & & \\ & & & & & \ddots & \\ & & & & & & 0 \end{pmatrix}$$

这里令

$$\boldsymbol{Q}_1=\begin{pmatrix} I_{r_1} & & & \\ & 0 & & \\ & & \ddots & \\ & & & 0 \end{pmatrix}, \boldsymbol{Q}_2=\begin{pmatrix} 0 & & & \\ & I_{r_2} & & \\ & & \ddots & \\ & & & 0 \end{pmatrix}, \cdots, \boldsymbol{Q}_s=\begin{pmatrix} 0 & & & \\ & \ddots & & \\ & & 0 & \\ & & & I_{r_s} \end{pmatrix}$$

则$\boldsymbol{Q}_i$满足以下性质：

（1）$\sum\limits_{i=1}^{s}\boldsymbol{Q}_i=\boldsymbol{I}_n$；

（2）$\boldsymbol{Q}_i^2=\boldsymbol{Q}_i, i=1,2,\cdots,s$；

（3）$\boldsymbol{Q}_i\cdot\boldsymbol{Q}_j=0, i\leqslant j$。

代入式（6.18），则有

$$\boldsymbol{A}=\boldsymbol{P}\left(\sum_{i=1}^{s}\lambda_i\boldsymbol{Q}_i\right)\boldsymbol{P}^{-1}=\sum_{i=1}^{s}\lambda_i(\boldsymbol{P}\boldsymbol{Q}_i\boldsymbol{P}^{-1})$$

令$\boldsymbol{P}_i=\boldsymbol{P}\boldsymbol{Q}_i\boldsymbol{P}^{-1}$，则$\boldsymbol{P}_i$具有以下性质：

（1）$\sum\limits_{i=1}^{s}\boldsymbol{P}_i=\boldsymbol{I}_n$；

（2）$\boldsymbol{P}_i^2=\boldsymbol{P}_i, i=1,2,\cdots,s$；

（3）$\boldsymbol{P}_i\cdot\boldsymbol{P}_j=0, i\neq j$。

在$\boldsymbol{A}=\sum\limits_{i=1}^{s}\lambda_i\boldsymbol{P}_i$中，不难看出是对一个可对角化矩阵$\boldsymbol{A}$的谱分解，即可对角化矩阵可分解为$s$个方阵$\boldsymbol{P}_i$的加权和。下面讨论上述矩阵$\boldsymbol{P}_i$的性质。

【定理 6.18】方阵$\boldsymbol{P}\in F^{n\times n}$，若$\boldsymbol{P}^2=\boldsymbol{P}$，则称$\boldsymbol{P}$为幂等矩阵，幂等矩阵$\boldsymbol{P}$具有如下性质：

（1）$\boldsymbol{P}^{\mathrm{H}}$和$(\boldsymbol{I}-\boldsymbol{P})$仍为幂等矩阵（$\boldsymbol{P}^{\mathrm{H}}$是矩阵$\boldsymbol{P}$的共轭转置矩阵）；

（2）$\boldsymbol{P}$的特征值为 1 或者是 0，而且$\boldsymbol{P}$可相似于对角矩阵；

（3）$F^n=N(\boldsymbol{P})\oplus R(\boldsymbol{P})$，其中$N(\boldsymbol{P})$为$\boldsymbol{P}$的零空间，$R(\boldsymbol{P})$为$\boldsymbol{P}$的值域。

【定理 6.19】（可对角化矩阵的谱分解）设 $\boldsymbol{A} \in \mathbf{C}^{n\times n}$，$\{\lambda_1, \lambda_2, \cdots, \lambda_s\}$ 为 $\boldsymbol{A}$ 的谱，则 $\boldsymbol{A}$ 可对角化的充分必要条件是 $\boldsymbol{A}$ 有分解式

$$\boldsymbol{A} = \sum_{i=1}^{s} \lambda_i \boldsymbol{P}_i$$

其中，$\boldsymbol{P}_i \in \mathbf{C}^{n\times n}$ 为方阵，满足如下条件：

（1）$\boldsymbol{P}_i^2 = \boldsymbol{P}_i$，$i = 1, 2, \cdots, s$；

（2）$\boldsymbol{P}_i \boldsymbol{P}_j = \boldsymbol{O}$，$i \neq j$；

（3）$\sum_{i=1}^{s} \boldsymbol{P}_i = \boldsymbol{I}_n$。

$\boldsymbol{A}^{\mathrm{H}}$ 是矩阵 $\boldsymbol{A}$ 的共轭转置矩阵，当方阵 $\boldsymbol{A} \in F^{n\times n}$ 满足 $\boldsymbol{A}^{\mathrm{H}} = \boldsymbol{A}$ 时，$\boldsymbol{A}$ 为 Hermite 矩阵（$F = \mathbf{R}$ 时，$\boldsymbol{A}^{\mathrm{H}} = \boldsymbol{A}$，$\boldsymbol{A}$ 为对称矩阵）。Hermite 矩阵是可对角化的矩阵，从而可用上述谱分解将其分解为矩阵的和。下面的定理显示当 $\boldsymbol{A}$ 为半正定的 Hermite 矩阵时，$\boldsymbol{A}$ 可表示为半正定矩阵的和。

【定理 6.20】设 $A \in F^{n\times n}$ 是半正定的 Hermite 矩阵，$\mathrm{rank}(A) = k$，则 $\boldsymbol{A}$ 可被分解为下列矩阵的和：

$$\boldsymbol{A} = \boldsymbol{v}_1 \boldsymbol{v}_1^{\mathrm{H}} + \boldsymbol{v}_2 \boldsymbol{v}_2^{\mathrm{H}} + \cdots + \boldsymbol{v}_k \boldsymbol{v}_k^{\mathrm{H}}$$

其中 $\boldsymbol{v}_i \in F^n$，$\boldsymbol{v}_1, \boldsymbol{v}_2, \cdots, \boldsymbol{v}_k$ 是空间 F^n 中非零的正交向量组。

【定义 6.21】若矩阵 $\boldsymbol{A} \in \mathbf{C}^{n\times n}$ 满足 $\boldsymbol{A}^{\mathrm{H}}\boldsymbol{A} = \boldsymbol{A}\boldsymbol{A}^{\mathrm{H}}$，则称 $\boldsymbol{A}$ 是一个正规矩阵。

在正规矩阵中包括很多种不同类型的矩阵，如实对称矩阵、反实对称矩阵、酉矩阵和正交矩阵等，对这些矩阵的定义，这里不做详细的介绍。由于正规矩阵都是可对角化的矩阵，每一个正规矩阵都有一组互相正交的特征向量组，因此正交矩阵 $\boldsymbol{A}$ 可以做谱分解 $\boldsymbol{A} = \boldsymbol{U}\boldsymbol{\Lambda}\boldsymbol{U}^{\mathrm{H}}$，其中矩阵 $\boldsymbol{U}$ 是一个酉矩阵，$\boldsymbol{U}^{\mathrm{H}}$ 同样表示矩阵 $\boldsymbol{U}$ 的共轭转置矩阵，$\boldsymbol{\Lambda}$ 是一个对角矩阵，对角线元素是矩阵 $\boldsymbol{A}$ 的特征值。

正规矩阵是一类常见的矩阵，对实矩阵 $\boldsymbol{A}$，正规条件为 $\boldsymbol{A}^{\mathrm{T}}\boldsymbol{A} = \boldsymbol{A}\boldsymbol{A}^{\mathrm{T}}$。正规矩阵的谱分解是一个很重要的问题，接下来就讨论一下正规矩阵谱分解的问题。首先给出矩阵为正规矩阵的一个充分必要条件。

【**定理 6.22**】$\boldsymbol{A}\in\mathbf{C}^{n\times n}$ 是正规矩阵的充分必要条件是 $\boldsymbol{A}$ 酉相似于对角矩阵，即存在酉矩阵 $\boldsymbol{U}\in\mathbf{C}^{n\times n}$，使得

$$\boldsymbol{U}^{\mathrm{H}}\boldsymbol{A}\boldsymbol{U}=\begin{pmatrix}\lambda_1 & & & \\ & \lambda_2 & & \\ & & \ddots & \\ & & & \lambda_n\end{pmatrix}$$

【**推论 6.23**】$\boldsymbol{A}\in\mathbf{C}^{n\times n}$ 是正规矩阵的充分必要条件是 $\boldsymbol{A}$ 有 n 个线性无关的特征向量构成 $\mathbf{C}^n$ 的标准正交基。

正规矩阵酉相似于对角矩阵，能够使很多问题的证明得到简化。

【**定理 6.24**】（正规矩阵的谱分解）设 $\boldsymbol{A}\in\mathbf{C}^{n\times n}$，$\boldsymbol{A}$ 的谱为 $\{\lambda_1,\lambda_2,\cdots,\lambda_s\}$，$s\leqslant n$，则 $\boldsymbol{A}$ 是正规矩阵的充分必要条件是 $\boldsymbol{A}$ 的谱分解为 $\boldsymbol{A}=\sum\limits_{i=1}^{s}\lambda_i\boldsymbol{P}_i$，其中 $\boldsymbol{P}_i\in\mathbf{C}^{n\times n}$，满足如下条件：

（1）$\boldsymbol{P}_i^2=\boldsymbol{P}_i$，$\boldsymbol{P}_i^{\mathrm{H}}=\boldsymbol{P}_i$，$i=1,2,\cdots,s$；

（2）$\boldsymbol{P}_i\cdot\boldsymbol{P}_j=\boldsymbol{0}$，$i\neq j$；

（3）$\boldsymbol{I}_n=\sum\limits_{i=1}^{s}\boldsymbol{P}_i$。

证明：（充分性）由 $\boldsymbol{P}_i$ 满足的性质

$$\boldsymbol{A}\boldsymbol{A}^{\mathrm{H}}=\left(\sum_{i=1}^{s}\lambda_i\boldsymbol{P}_i\right)\left(\sum_{j=1}^{s}\overline{\lambda}_j\boldsymbol{P}_j^{\mathrm{H}}\right)=\sum_{i=1}^{s}|\lambda_i|^2\ \boldsymbol{P}_i=\boldsymbol{A}^{\mathrm{H}}\boldsymbol{A}$$

可得 $\boldsymbol{A}$ 为正规矩阵。

（必要性）设 λ_i 为 $\boldsymbol{A}$ 的 r 重根，$\sum\limits_{i=1}^{s}r_i=n$，由 $\boldsymbol{A}$ 为正规矩阵，存在酉矩阵 $\boldsymbol{U}$，使得

$$
\begin{aligned}
\boldsymbol{A} &= \boldsymbol{U}\begin{pmatrix} \lambda_1 & & & & & & & & \\ & \ddots & & & & & & & \\ & & \lambda_1 & & & & & & \\ & & & \lambda_2 & & & & & \\ & & & & \ddots & & & & \\ & & & & & \lambda_2 & & & \\ & & & & & & \ddots & & \\ & & & & & & & \lambda_s & \\ & & & & & & & & \ddots & \\ & & & & & & & & & \lambda_s \end{pmatrix}\boldsymbol{U}^{\mathrm{H}} \\
&= \boldsymbol{U}\begin{pmatrix} \lambda_1\boldsymbol{I}_{r_1} & & & \\ & \lambda_2\boldsymbol{I}_{r_2} & & \\ & & \ddots & \\ & & & \lambda_s\boldsymbol{I}_{r_s} \end{pmatrix}\boldsymbol{U}^{\mathrm{H}} \\
&= \boldsymbol{U}\sum_{i=1}^{s}\lambda_i\begin{pmatrix} 0 & & & & & & \\ & \ddots & & & & & \\ & & 0 & & & & \\ & & & \boldsymbol{I}_{r_i} & & & \\ & & & & 0 & & \\ & & & & & \ddots & \\ & & & & & & 0 \end{pmatrix}\boldsymbol{U}^{\mathrm{H}} \\
&= \sum_{i=1}^{s}\lambda_i\boldsymbol{U}\begin{pmatrix} 0 & & & & & & \\ & \ddots & & & & & \\ & & 0 & & & & \\ & & & \boldsymbol{I}_{r_i} & & & \\ & & & & 0 & & \\ & & & & & \ddots & \\ & & & & & & 0 \end{pmatrix}\boldsymbol{U}^{\mathrm{H}}
\end{aligned}
$$

令

$$\boldsymbol{P}_i = \boldsymbol{U}\begin{pmatrix} 0 & & & & & & \\ & \ddots & & & & & \\ & & 0 & & & & \\ & & & \boldsymbol{I}_{r_i} & & & \\ & & & & 0 & & \\ & & & & & \ddots & \\ & & & & & & 0 \end{pmatrix}\boldsymbol{U}^{\mathrm{H}}$$

则 $\boldsymbol{P}_i$ 满足定理 6.24 的 3 个条件，而且 $\boldsymbol{A} = \sum_{i=1}^{s} \lambda_i \boldsymbol{P}_i$ 。

显然在正规矩阵的谱分解中，矩阵 $\boldsymbol{P}_i$ 不仅是幂等矩阵，还是 Hermite 矩阵。

2. 矩阵拉普拉斯谱

在研究复杂网络的过程中，转换得到的邻接矩阵都是由元素 0 和 1 构成的矩阵（无权重的情况下），而这些矩阵通常都不是半正定矩阵。不能将它们顺利地进行谱分解，所以为将这样的邻接矩阵进行谱分解，先要将邻接矩阵转化为半正定矩阵。不难发现，拉普拉斯矩阵是由度矩阵与邻接矩阵的差得到的具有半正定性质的矩阵，通过拉普拉斯矩阵就能对邻接矩阵间接地进行谱分解以及进一步深入的研究。所以拉普拉斯矩阵在时间序列与复杂网络的转换中有着重要的应用，下面就深入地介绍一下拉普拉斯矩阵的概念、性质及应用。

拉普拉斯矩阵也叫作导纳矩阵、基尔霍夫矩阵或者离散拉普拉斯算子，它在图论等方面的应用已经有很长的历史。在图论中，为了研究图的性质，人们引进了各种各样的矩阵，其中包括图的邻接矩阵、关联矩阵、距离矩阵等，而拉普拉斯矩阵正是这些具有特殊形式的矩阵中的一种。与图的邻接矩阵、关联矩阵类似，拉普拉斯矩阵也是一个图的矩阵表示，它与相应的图之间有着某种特定的联系。借助于基尔霍夫理论，可以利用拉普拉斯矩阵来计算一个图的最小生成树的个数。同时，拉普拉斯矩阵还可用来寻找图的其他属性。因此，拉普拉斯矩阵在图论中有着重要的应用价值。

如前所述，一个图的拉普拉斯矩阵就是其度矩阵和邻接矩阵的差。度矩阵是以各节点度数为对角线元素的对角矩阵，它的第 i 个对角线元素的值为网络图中第 i 个节点的度数，因此度矩阵包含了每个节点的度。在处理有向图时，根据应用来选择入度或出度。

根据这些知识，对网络的拉普拉斯矩阵有如下定义：

【定义 6.25】给定一个具有 N 个节点的无向无权网络图，其邻接矩阵为 $\boldsymbol{A}=\boldsymbol{A}(i,j)_{n\times n}$，相应的度矩阵为 $\boldsymbol{D}=\boldsymbol{D}(i,j)_{n\times n}$，定义它的拉普拉斯矩阵为 $\boldsymbol{L}=\boldsymbol{L}(i,j)_{n\times n}$，这里，$\boldsymbol{L}(i,j)=\boldsymbol{D}(i,j)=\boldsymbol{A}(i,j)$，$i,j=1,2,\cdots,n$。

【例 6.3】图 6.1 所示是一个 5 个节点的无向网络，求它的拉普拉斯矩阵。

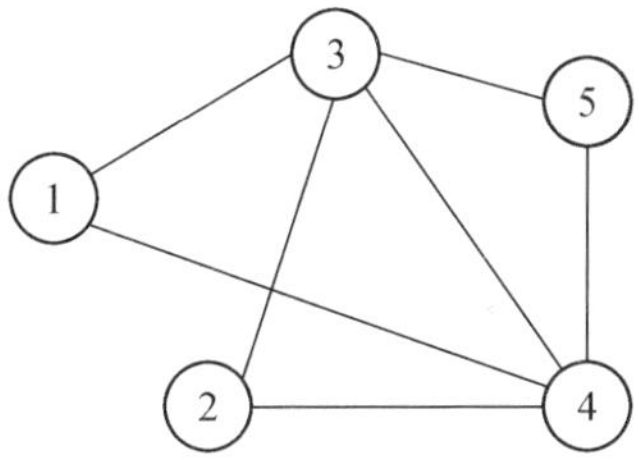

图 6.1

解：（1）写出图的邻接矩阵

$$\boldsymbol{A}=\begin{pmatrix} 0 & 0 & 1 & 1 & 0 \\ 0 & 0 & 1 & 1 & 0 \\ 1 & 1 & 0 & 1 & 1 \\ 1 & 1 & 1 & 0 & 1 \\ 0 & 0 & 1 & 1 & 0 \end{pmatrix}$$

（2）写出图的度矩阵

$$\boldsymbol{D}=\begin{pmatrix} 2 & 0 & 0 & 0 & 0 \\ 0 & 2 & 0 & 0 & 0 \\ 0 & 0 & 4 & 0 & 0 \\ 0 & 0 & 0 & 4 & 0 \\ 0 & 0 & 0 & 0 & 2 \end{pmatrix}$$

（3）写出图的拉普拉斯矩阵

$$L = D - A = \begin{pmatrix} 2 & 0 & 0 & 0 & 0 \\ 0 & 2 & 0 & 0 & 0 \\ 0 & 0 & 4 & 0 & 0 \\ 0 & 0 & 0 & 4 & 0 \\ 0 & 0 & 0 & 0 & 2 \end{pmatrix} - \begin{pmatrix} 0 & 0 & 1 & 1 & 0 \\ 0 & 0 & 1 & 1 & 0 \\ 1 & 1 & 0 & 1 & 1 \\ 1 & 1 & 1 & 0 & 1 \\ 0 & 0 & 1 & 1 & 0 \end{pmatrix} = \begin{pmatrix} 2 & 0 & -1 & -1 & 0 \\ 0 & 2 & -1 & -1 & 0 \\ -1 & -1 & 4 & -1 & -1 \\ -1 & -1 & -1 & 4 & -1 \\ 0 & 0 & -1 & -1 & 2 \end{pmatrix}$$

由上面的定义不难发现，图的拉普拉斯矩阵与它的邻接矩阵有着非常密切的关系，因此，拉普拉斯矩阵也有很多非常好的性质。人们对图的拉普拉斯矩阵的研究和应用正越来越频繁，范围越来越广，程度也不断加深。下面重点叙述一下图的拉普拉斯矩阵的几个重要的性质。

具体来说，拉普拉斯矩阵有以下重要的性质：

【性质 6.26】拉普拉斯矩阵是半正定矩阵。

给定一个 n 个节点的无向网络 G，令它的关联矩阵为 $M = (m_{ij})_{n \times m}$，$m$ 为图 G 的边数。则图的拉普拉斯矩阵 $L = B^{\mathrm{T}} B$ 。由矩阵的知识可知，拉普拉斯矩阵是半正定矩阵。

【性质 6.27】无向图的拉普拉斯矩阵是对称矩阵。

给定一个 n 个节点的无向网络 G，其邻接矩阵定义为 $A = A(i, j)_{n \times n}$，度矩阵定义为 $D = D(i, j)_{n \times n}$，由前面章节关于度矩阵的定义知道，矩阵 A 与 D 都是对称矩阵，因此，图的拉普拉斯矩阵 $L = D - A$ 也是对称矩阵。

【性质 6.28】无向图的拉普拉斯矩阵的行和为零。

对于任意一个无向网络，其邻接矩阵的行和为相应节点的度数，因此，度数矩阵与邻接矩阵的差矩阵的行和为零，即拉普拉斯矩阵的行和为零。

【性质 6.29】最小特征值永远是 0。

【性质 6.30】最小的非零特征值是图的代数连通度。

上述图的拉普拉斯矩阵的性质，在实际生活中都有着非常重要的应用，尤其是在图论中，图的拉普拉斯矩阵及拉普拉斯谱都扮演着特别关键的角色。

对于拉普拉斯矩阵，由于它的半正定性决定了它在复杂网络和时间序列的相互转换过程中的重要作用，所以要对矩阵的半正定性有一个深入的认识，下面介绍有关半正定矩阵的一些定义和性质。

【定义 6.31】 给定一个 n 阶矩阵 $\boldsymbol{A}$，如果 $\boldsymbol{A}$ 是一个 Hermite 矩阵，那么一定有下式成立：$\boldsymbol{A}=\boldsymbol{A}^{\mathrm{H}}$。

【定义 6.32】 假设 $\boldsymbol{A}$ 是一个 n 阶的 Hermite 矩阵，则有下面的结论成立：

（1）如果对于任意一个非零向量 $\boldsymbol{x}$，都有 $\boldsymbol{x}^{\mathrm{T}}\boldsymbol{A}\boldsymbol{x}>0$，那么将这样的矩阵 $\boldsymbol{A}$ 称为正定矩阵。

（2）如果对于任意一个非零向量 $\boldsymbol{x}$，都有 $\boldsymbol{x}^{\mathrm{T}}\boldsymbol{A}\boldsymbol{x}\geqslant 0$，那么将这样的矩阵 $\boldsymbol{A}$ 称为半正定矩阵。

由上面的定义可以知道，正定矩阵与半正定矩阵之间有一种被包含与包含关系，正定矩阵一定是半正定的，而半正定矩阵却不一定是正定的。对于某些非零向量 $\boldsymbol{x}$，半正定矩阵的二次型的值可能为零，而正定矩阵的二次型则一定大于零。

除了上面给出的定义和定理外，半正定矩阵有很多重要的性质，下面对半正定矩阵在复杂网络中会应用到的性质进行简要的叙述。

【性质 6.33】 任意个同阶正定矩阵的线性组合矩阵还是一个正定矩阵。即 $\boldsymbol{A}_1,\boldsymbol{A}_2,\cdots,\boldsymbol{A}_n$，是 n 个同阶的正定矩阵，那么对于任意实数的 $k_1,k_2,\cdots,k_n$，都有 $k_1\boldsymbol{A}_1+k_2\boldsymbol{A}_2+\cdots+k_n\boldsymbol{A}_n$ 也是一个正定矩阵。

【性质 6.34】 如果 λ 是一个正定矩阵的特征值，那么一定有 λ 是实数，且 $\lambda>0$；类似地，如果 λ 是一个半正定矩阵的特征值，那么一定有 λ 是实数，且 $\lambda\geqslant 0$。

【性质 6.35】 设 $\boldsymbol{A}$ 是一个正定矩阵，那么 $\boldsymbol{A}$ 的行列式是一个正数，即 $|\boldsymbol{A}|>0$；类似地，如果矩阵 $\boldsymbol{A}$ 是一个半正定矩阵，那么 $\boldsymbol{A}$ 的行列式是一个非负数，即 $|\boldsymbol{A}|\geqslant 0$。

【性质 6.36】 如果矩阵 $\boldsymbol{A}$ 是一个 n 阶正定矩阵，那么 $\boldsymbol{A}$ 的任意阶主子式的值都是正数，即 $|\boldsymbol{A}_i|\geqslant 0$，$i=1,2,\cdots,n$，$|\boldsymbol{A}_i|$ 表示矩阵 $\boldsymbol{A}$ 的任意 i 阶主子式；类似地，如果矩阵 $\boldsymbol{A}$ 是一个 n 阶半正定矩阵，那么 $\boldsymbol{A}$ 的任意阶主子式的值都是非负数，即 $|\boldsymbol{A}_i|\geqslant 0$，$i=1,2,\cdots,n$，$|\boldsymbol{A}_i|$ 表示矩阵 $\boldsymbol{A}$ 的任意 i 阶主子式。

【性质 6.37】 设 $\boldsymbol{A}$ 是一个半正定矩阵，那么不论它的阶数是多少，都有这样的结论：矩阵 $\boldsymbol{A}$ 的正惯性指数与它的秩相等。

【性质 6.38】给定一个半正定矩阵 $\boldsymbol{A}$，存在一个实矩阵 $\boldsymbol{C}$，使得 $\boldsymbol{A}=\boldsymbol{C}^{\mathrm{T}}\boldsymbol{C}$。即对于任意一个半正定矩阵，都可以将它分解为一个矩阵的转置与它自身的乘积。

实际上，关于半正定矩阵的判定定理与性质非常多，在线性代数等学科中，对于半正定矩阵有着非常深入的研究，得到了很多重要的结论，包括这里提及的这些。

3. 矩阵的谱理论

在这里主要介绍矩阵的谱理论。网络的特征谱就是网络的邻接矩阵的特征值的集合，是图的所有特征值连同其重数构成的重集，网络的谱密度有时也称作状态密度。根据前面所介绍的，可以将复杂网络的邻接矩阵进行拉普拉斯分解，通过其分解之后的形式很容易计算其谱密度，对其谱密度的考察就是矩阵谱理论的主要内容，并通过对各种网络模型谱密度的研究，来分析不同网络模型的拓扑特征。

给出一个随机矩阵，它的特征值为 λ_n， $n=1,2,\cdots,N$，则定义它的谱线密度为

$$\rho(\lambda)=\frac{1}{N}\sum_{n}\delta(\lambda-\lambda_n)$$

同时也可以表示成

$$\rho(\lambda)=-\frac{1}{\pi N}\operatorname{Im}\operatorname{tr}\frac{1}{\lambda+\mathrm{i}\varepsilon-\boldsymbol{A}}$$

假设在热力学理论中，谱线密度的极限就是它的平均值，即 $\rho(\lambda)\to\langle\rho(\lambda)\rangle$，这里的平均值是针对所有给定的矩阵。对给定的全部随机矩阵，要求解矩阵 $\boldsymbol{A}$ 的谱，令 $\boldsymbol{\Gamma}(\lambda)$ 为生成函数

$$\boldsymbol{\Gamma}(\lambda)=\frac{1}{Z_\varphi}\int\prod_{i=1}^{N}\prod_{a=1}^{n}\mathrm{d}\varphi_i^a\prod_{i,a}\exp\left(\frac{\mathrm{i}}{2}\lambda\varphi_i^a\varphi_i^a\right)\prod_{\langle i,j\rangle}\exp\left(-\mathrm{i}\sum_{a}\varphi_i^a\boldsymbol{A}_{ij}\varphi_j^a\right)$$

其中

$$Z_\varphi=\int\prod_{i,a}\mathrm{d}\varphi_i^a\exp\left(\sum_{i,a}\varphi_i^a\varphi_i^a\right)$$

则谱线密度可以表示为

$$\rho(\lambda)=\lim_{n\to 0}\frac{-2}{\pi nN}\operatorname{Im}\frac{\partial}{\partial\lambda}\langle\boldsymbol{\Gamma}(\lambda)\rangle$$

下面来研究一下邻接矩阵的谱特性。

设简单无向网络 G 有 N 个节点，由于它的邻接矩阵 $\boldsymbol{A}(G)$ 是实对称矩阵，因此根据矩阵理论，记 λ_j， $j=1,2,\cdots,N$ 为它的 N 个实特征值（重特征值按重数计算），得到谱密度 $\rho(\lambda)$ 和 k 阶矩 M_k 如下：

$$\rho(\lambda)=\frac{1}{N}\sum_{j=1}^{N}\delta(\lambda-\lambda_j)$$

$$M_k=\int_{-\infty}^{+\infty}\lambda^k\rho(\lambda)\mathrm{d}\lambda$$

又根据矩阵的特征值理论有

$$M_k=\frac{1}{N}\sum_{j=1}^{1}(\lambda_j)^k=\frac{1}{N}\operatorname{tr}\boldsymbol{A}^k=\frac{1}{N}\sum_{i_1,i_2,\cdots,i_k}a_{i_1i_2}a_{i_2i_3}\cdots a_{i_ki_1}$$

其中，由于在邻接矩阵中的元素只有 0 和 1，所以上式中的最右说明：如果 $a_{i_1i_2}a_{i_2i_3}\cdots a_{i_ki_1}=1$，那么就存在一条长为 k 的闭合回路使得从节点 i_1 出发，经过 $k-1$ 个节点可以返回 i_i。那么，NM_k 就表示网络中存在的长为 k 的闭合回路的总数。

（1）随机网络的谱密度。

在随机网络中，最具典型性的模型就是 ER 模型，即 n 条边连接着 N 个带标号的节点，而这些边是从总共 $\frac{N(N-1)}{2}$ 条可能的边中随机选取的，这样的 N 个节点 n 条边的图总共有 $\mathrm{C}^{n}_{\frac{N(N-1)}{2}}$ 种，构成了一个概率空间，其中每一种图都是等概率的。另一种等价的定义为：给定 N 个节点，每一对节点相互连接的概率为 p。这时总边数是一个随机变量，期望值是 $\frac{pN(N-1)}{2}$。为了便于讨论，假设连接概率 p 满足 $pN^{\alpha}=c$，其中 c 为常数。

①当 $\alpha>1$ 且 $N\to\infty$ 时，节点的平均度数 $\langle k\rangle=(N-1)p\approx N\cdot p=cN^{1-\alpha}\to 0$，谱

密度的奇数阶矩几乎为 0。

②当$\alpha=1$且$N\to\infty$时，节点的平均度数$\langle k\rangle\approx pN=c$。若$c>1$，谱密度的奇数阶矩远远大于 0，说明网络的结构发生了显著的变化；若$c\leqslant 1$，网络仍基本上为树状结构。

③当$0\leqslant\alpha\leqslant 1$且$N\to\infty$时，节点的平均度数$\langle k\rangle\approx cN^{1-\alpha}\to+\infty$。

（2）小世界网络的谱密度。

由 Watts 和 Strogatz 提出的小世界网络的概念和 WS 模型解决了现实网络不仅和随机图模型一样平均路径小，并且群集系数比较大这个问题。首先，从编号为$1,2,\cdots,N$的 N 个孤立的节点开始，每个节点和位于同一侧的最相邻的$\frac{k}{2}$（k 为偶数）个节点相连，就会形成一个具有 N 个节点$\frac{kN}{2}$条边的环形网络，其中每个节点的度均为 k。然后，再为网络中的每条边以概率 p_r 重新连线，重新连线的另一节点从 N 个节点中随机选取。重新连线也是按照同一个方向进行的，先对距节点最相邻的边重新连线，重连完 N 个节点最相邻的边之后，再对次相邻的边重新连线，依此类推，直至节点一侧的所有边都重连完毕，在重新连线的过程中要确保不会发生自连线和重复边的情况。

①当$p_r=0$时，WS 模型是一个规则的圆环，此时，它的谱密度呈不规则分布，并具有较大的三阶矩。

②随着$p_r\to 1$，谱密度$\rho(\lambda)$逐渐趋向于呈半圆形分布，相对于较小的 p_r 仍然具有较大的三阶矩。

③当$p_r=1$时，WS 模型已经是一个完全随机的网络，此时对于节点度数的最小值并不是任意的，而是$\frac{k}{2}$。

在随机复杂网络中，为了求解邻接矩阵的谱，设生成函数为

$$\Gamma(\lambda)=\frac{1}{Z_\varphi}\int\prod_{i=1}^{N}\prod_{a=1}^{n}\mathrm{d}\varphi_i^a\prod_{i,a}\exp\left(\frac{\mathrm{i}}{2}\lambda\varphi_i^a\varphi_i^a\right)\prod_{\langle i,j\rangle}\exp\left(-\mathrm{i}\sum_a\varphi_i^a a_{ij}\varphi_j^a\right)$$

假设矩阵的载体是不相关随机网络对给定分配给网络的每个节点的预期程度，即一个实现了随机隐藏变量（hidden variable）的模型。在特殊情况下，给定无向网络中每个节点 i 的预期的度分布为 q_i，假设矩阵中的元素为 a_{ij}，则它们的分布服从

$$P(a_{ij})=\frac{q_i q_j}{\langle q\rangle N}\delta(a_{ij}-1)+\left(1-\frac{q_i q_j}{\langle q\rangle N}\right)\delta(a_{ij}),\quad i<j(a_{ij}=a_{ji})$$

其中，$\delta(\cdot)$ 表示 Kronecker 符号。

将分划函数平均到整体的网络上，有

$$\langle\Gamma(\lambda)\rangle=\frac{1}{Z_\varphi}\int\prod_{i=1}^{N}\prod_{a=1}^{n}\mathrm{d}\varphi_i^a\prod_{i,a}\exp\left(\frac{\mathrm{i}}{2}\lambda\varphi_i^a\varphi_i^a\right)\times$$
$$\exp\left[-\frac{1}{2}\sum_{i,j}\frac{q_i q_j}{\langle q\rangle N}\left(1-\exp\left(\mathrm{i}\sum_a\varphi_i^a\varphi_i^a\right)\right)+O(N^0)\right]$$

引入稀疏网络复制变量的命令参数

$$c_q(\boldsymbol{\varphi})=\frac{1}{N_q}\sum_i\delta(q_i-q)\prod_a\delta(\varphi_i^a-\varphi^a)$$

得到的分划函数类型的表达式为

$$\langle\Gamma(\lambda)\rangle=\int Dc_q(\boldsymbol{\varphi})\exp[nN\sum(c_q(\boldsymbol{\varphi}))]$$

其中

$$n\sum=-\sum_q\int\mathrm{d}\boldsymbol{\varphi}\,p_q c_q(\boldsymbol{\varphi})\ln[c_q(\boldsymbol{\varphi})]+\mathrm{i}\sum_q p_q c_q(\boldsymbol{\varphi})\frac{1}{2}\lambda\sum_a\varphi^a\varphi^a$$

$$\int\mathrm{d}\boldsymbol{\varphi}\int\mathrm{d}\boldsymbol{\phi}\sum_{qq'}p_q p_{q'}\frac{1}{2}\frac{qq'}{\langle q\rangle}c_q(\boldsymbol{\varphi})c_{q'}(\boldsymbol{\phi})(1-\exp(\mathrm{i}\boldsymbol{\varphi}\cdot\boldsymbol{\phi})+O(N^{-1}))$$

判断鞍点方程由下式给出：

$$c_q(\boldsymbol{\varphi})=\exp\left[\mathrm{i}\frac{\lambda}{2}\sum_a\varphi^a\varphi^a-q(1-\hat{c}(\boldsymbol{\varphi}))\right]$$

$$\hat{c}(\boldsymbol{\varphi})=\sum_{q'}\frac{q'p_{q'}}{\langle q\rangle}\int\mathrm{d}\boldsymbol{\phi}\,c_{q'}(\boldsymbol{\phi})\exp(\mathrm{i}\boldsymbol{\varphi}\cdot\boldsymbol{\phi})$$

6.3 利用拉普拉斯矩阵将复杂网络转换为时间序列

6.3.1 经典多维尺度算法简介

在将复杂网络转换成时间序列的方法中，多维尺度算法中的经典多维尺度算法是一种比较常见的方法，通常利用这种方法找到与复杂网络对应的时间序列，从而完成转换。下面就来简单地介绍一下这种方法。

多维尺度是一类用几何结构来描述数据之间的相似性的一类方法。其技术或者理论在很多前沿领域（如数据可视化等数据处理过程）都有比较成熟的应用。作为一种从数据角度刻画物体结构的方法，多维尺度以由物体间距离的近似得到的数据为基础，这样得到的数据反映了研究对象的相似性或不相似性。在多维尺度算法中，所谓的距离不是通常意义上所说的距离，它是物体相似性的一种度量。具体地说，假设有 n 个物体作为对象，多维尺度对每两个物体之间的相似性进行测量，得到一个 $n \times n$ 的相似性矩阵，还可以对这个相似性矩阵进行加权得到相应的距离矩阵等。有了相似性矩阵，多维尺度算法通过得到一个欧几里得空间中的结构点集来刻画初始的物体之间的结构的相似性。如果两个物体越相似，那么与它们相对应的欧氏空间中的点的距离越近；反之，如果两个物体越不相似，那么与它们相对应的欧氏空间中的点的距离越远。总之，在多维尺度算法中，输入是测量得到的物体的相似性或不相似性矩阵，输出则是为了可视化而降维得到的维数为 2 或 3 的数据点集。数据点集中任意两个点之间的欧几里得距离反映物体之间的相似性程度。

多维尺度有很多不同的具体分类，常用的多维尺度方法主要有：度量多维尺度、非度量多维尺度、经典多维尺度、重复多维尺度及加权多维尺度等。对每一种不同类型的多维尺度方法，这里不做具体的阐述。其中，经典多维尺度算法又是一种特殊的多维尺度算法，这种算法以复杂网络的距离矩阵作为初始的输入参数，算法的运行结果是与复杂网络对应的时间序列。到目前为止，这种复杂网络到时间序列的转换方法是可以保持复杂网络的拓扑特性的最成功的转换方法。以扎实的理论依据作为依托，在将复杂网络映射为时间序列的过程中，经典的多维尺度算法可以近似保持复杂网络的全部拓扑信息，在实际中有着广泛的应用。

经典的多维尺度算法以复杂网络的距离矩阵作为输入，这里的距离同样是欧几里得距离。输出为一个数据构造点集，使得这些点之间的距离尽可能对应于初始输入网络的距离矩阵的对应元素。

在经典的多维尺度算法中涉及距离矩阵的定义，距离是用来刻画物体之间的远近程度的，到目前为止，定义距离的方法很多，比如范数定义、欧几里得距离、测地距离等，每一种定义方法都有严格的理论依据和广泛的实际应用，但现实生活中最常用的还是欧几里得距离。根据距离的不同定义方法，可以得到物体集合的不同的距离矩阵。距离矩阵的每一个元素代表对应的两个物体之间的距离。尽管各种距离矩阵都有其特殊的数据特征，但是不同的距离矩阵都遵循一个共同的规律：距离矩阵都是非负对称的。

给定一个复杂网络，很容易得到它的邻接矩阵，重点是如何通过这个邻接矩阵定义网络的距离矩阵。

复杂网络的距离矩阵是一类比较特殊的距离矩阵，该矩阵中的每一个元素表示网络中对应的两个节点之间的距离。对于任意一个给定的复杂网络，到目前为止，其距离矩阵的定义方法已有很多，比如常见的常数距离定义方法、最短距离定义方法，以及加权距离定义方法等，不同的定义方法各具优势和特色，不同的复杂网络可以用不同的距离矩阵来刻画距离，对于同一个复杂网络，不同的距离矩阵的定义方法得到的距离矩阵也不相同。选择常数定义方法来得到网络的距离矩阵。应用多维尺度算法中的经典多维尺度算法，可以将复杂网络映射到时间序列。而在映射的过程中，首先要用邻接矩阵 $\boldsymbol{A}=\{a_{ij}\}$ 来刻画复杂网络 N 个顶点的网络。得到复杂网络的邻接矩阵之后，再由邻接矩阵得到网络的距离矩阵 $\boldsymbol{D}$：如果 $a_{ij}=0,\ i\neq j$，则相应的 $d_{ij}=\omega$（ω 为一个大于 1 的正数），否则取 $d_{ij}=a_{ij}$。这样，就得到了复杂网络的距离矩阵。

有了距离矩阵的定义，对于经典多维尺度算法的具体实施过程就相对比较简单，在具备网络的距离矩阵的前提下，经典多维尺度算法的实施过程主要分为以下三个步骤：

（1）由网络的距离矩阵 $\boldsymbol{D}$ 得到其相应的中心化的 Gram 矩阵：$\boldsymbol{G}=-\frac{1}{2}\boldsymbol{H}(\boldsymbol{D}^2)\boldsymbol{E}$，这里 $\boldsymbol{D}^2$ 是一个由距离矩阵 $\boldsymbol{D}$ 的对应元素进行平方得到的矩阵，$\boldsymbol{H}=\boldsymbol{I}-\frac{1}{n}\boldsymbol{E}$，$\boldsymbol{E}=\boldsymbol{1}\boldsymbol{1}'$，$\boldsymbol{1}=(1,1,\cdots,1)'$，$\boldsymbol{I}$ 为单位矩阵。将得到的矩阵 $\boldsymbol{G}$ 称为中心化的 Gram 矩阵。

（2）对 $\boldsymbol{G}$ 矩阵做特征谱分解。

（3）得到最后的结构点集。

6.3.2 拉普拉斯分解法

下面尝试一种新的思路——拉普拉斯谱分解法，通过对拉普拉斯矩阵的半正定性质的应用，来完成复杂网络到时间序列的映射转化。

复杂网络的拉普拉斯矩阵 $\boldsymbol{L}=\boldsymbol{D}-\boldsymbol{A}$，其中 $\boldsymbol{D}$ 为对角矩阵，其对角线元素为每个节点的度数，$\boldsymbol{A}$ 为网络的邻接矩阵。正如前面所述，拉普拉斯矩阵有一个非常好的性质：$\boldsymbol{L}=\boldsymbol{B}'\boldsymbol{B}$，其中矩阵 $\boldsymbol{B}$ 为网络的关联矩阵。由矩阵的理论知识，矩阵 $\boldsymbol{L}$ 是一个半正定矩阵。

基于拉普拉斯矩阵的新算法（以下简称拉普拉斯算法）的主要步骤如下：

（1）得到复杂网络的邻接矩阵。

（2）计算得到复杂网络的度数矩阵。

（3）计算得到复杂网络的拉普拉斯矩阵。

（4）对拉普拉斯矩阵进行特征分解：$\boldsymbol{L}=\boldsymbol{P}\boldsymbol{\Lambda}\boldsymbol{P}=\boldsymbol{X}'\boldsymbol{X}$，这里，矩阵 $\boldsymbol{P}$ 为复杂网络拉普拉斯矩阵的特征向量矩阵，$\boldsymbol{\Lambda}$ 则是拉普拉斯矩阵的特征值形成的对角矩阵。

（5）从矩阵中，选择最大特征值所对应的列作为结果的时间序列。

得到的矩阵 $\boldsymbol{X}$ 的每一列就是欧式空间中的一个点的坐标。再进行一些简单的处理就可以得到相应的时间序列。

以上介绍的是用拉普拉斯转换方法由复杂网络向时间序列转换的基本步骤，下面由最简单的情况，即单个星形网络向时间序列的拉普拉斯转换入手，因为单个星形网络作为网络中最基本的单位，每个复杂的网络都是由很多单个星形网络作为片段连接而成的，所以通过研究最简单的网络是怎么转换的，继而可以更深入地了解多个星形网络是如何转换的。

星形网络是一类非常特殊的网络，如果一个星形网络有 n 个节点，则其中心节点的度数为 $n-1$，其他所有节点的度数都是 1。即星形网络的中心节点与其他所有边节点都是直接连通节点，而每一个边节点也都只与中心节点相连。特殊的结构决定了星形网络邻接矩阵和拉普拉斯矩阵的一些特殊性质。

使用拉普拉斯方法将一个星形网络转换为时间序列，图 6.2 是单个星形网络图例。

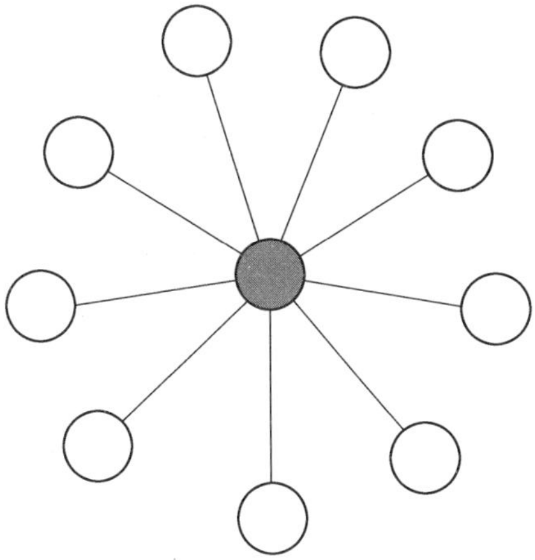

图 6.2　单个星形网络图例

图 6.2 是一个非常简单的星形网络，它有一个中心节点，9 个边节点。对应于上面的星形网络，容易得到它的邻接矩阵。这种类型的网络的邻接矩阵是一种很特殊的矩阵，所有边节点都只与中心节点相连，因此矩阵的第一行和第一列的元素中，除了对角线元素外都是 1。有了网络的邻接矩阵，容易得到网络的拉普拉斯矩阵，邻接矩阵的特殊性决定了拉普拉斯矩阵的特殊性。拉普拉斯矩阵中，除了与中心节点相对应的左上角第一个元素外，主对角线上的元素都是 1。而首行首列中，相应于邻接矩阵中值为 1 的位置的元素，在拉普拉斯矩阵中的值都变为-1。

对这个星形网络，应用拉普拉斯方法将其转换为时间序列，这里取拉普拉斯矩阵谱分解中相应于最大特征值的时间序列，结果如图 6.3 所示。

图 6.3 是经该星形网络转换得到的时间序列，该时间序列是一列脉冲。

通过对单个星形网络的探究，得到结论：单个星形网络由拉普拉斯转换得到的时间序列是一列脉冲。接下来考虑更加复杂的情况，即将多个单个星形网络串联或组合组成多个星形网络链的拉普拉斯转换，研究此时得到的时间序列是什么样的结构，从而进一步对无标度网络进行转换。

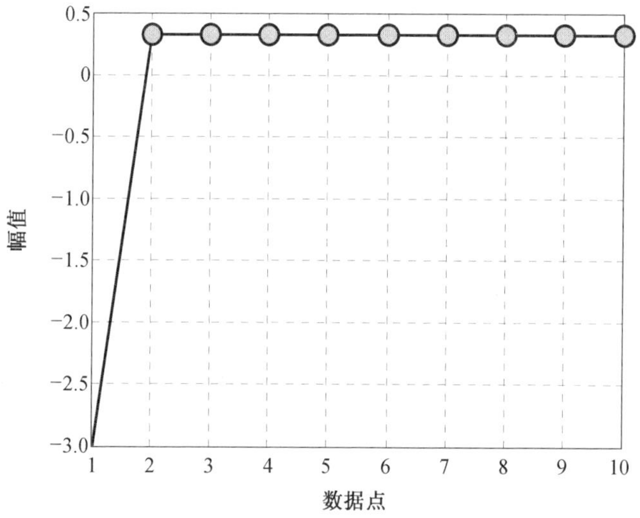

图 6.3　单个星形网络转换得到的时间序列

通常意义上的 BA 无标度网络可以看作是若干个星形网络通过少量的公共边连在一起而得到的。而对 BA 无标度网络进行研究分析不仅有理论上的意义，更有重要的实际应用价值。按照上面拉普拉斯方法的思路，如果把度数不一样的星形网络在中心节点处依次连接起来，那么应该得到添加了噪声的脉冲序列。为此，选择度数服从幂律分布的星形网络链，每个星形网络在中心节点处依次相连。将这个星形网络链转换为时间序列，结果如图 6.4 所示。

图 6.4 是由多个星形网络通过中心节点串接而成的星形链网络经拉普拉斯方法转换得到的时间序列局部截图，有如下结论：由拉普拉斯转换方法多个星形串接得到的网络对应的时间序列是脉冲序列。

上面的工作是在没有任何干扰的情况下进行的，已知一个多星形网络链接而成的网络，得到了它对应的时间序列。但是在日常的生活中，一个干净没有任何干扰的网络几乎是不存在的，所以从实际生活生产需要出发，必须要研究存在不同程度的干扰情况下网络与时间序列之间的关系，同时验证拉普拉斯转换方法在有干扰情况下的转换效果是否受到干扰。

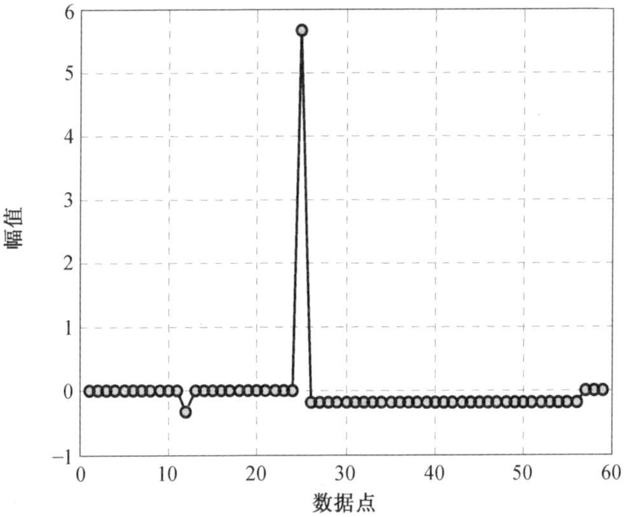

图 6.4　多个星形网络链转换得到的时间序列

开始尝试着给星形网络链增加扰动，选择增加 5%、8%、10%、20%的扰动，用以考察用拉普拉斯方法转换的时间序列的鲁棒性，最后结果如图 6.5～6.8 所示。

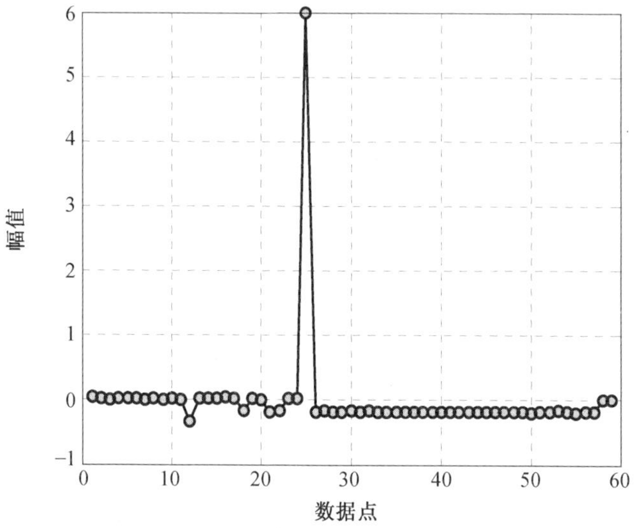

图 6.5　5%噪声的星形网络链转换得到的时间序列

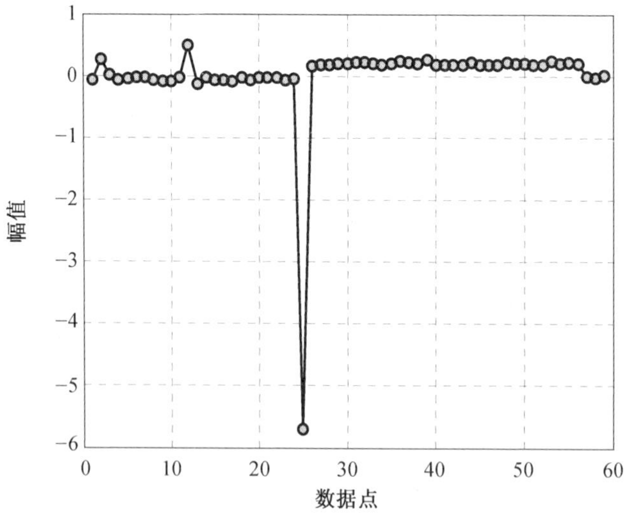

图 6.6　8%噪声的星形网络链转换得到的时间序列

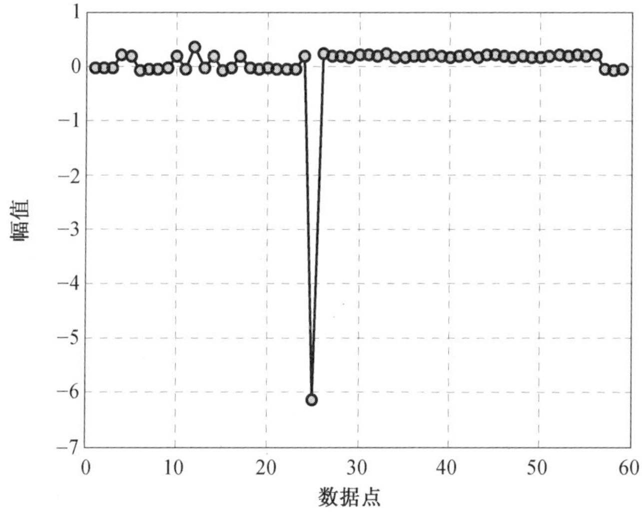

图 6.7　10%噪声的星形网络链转换得到的时间序列

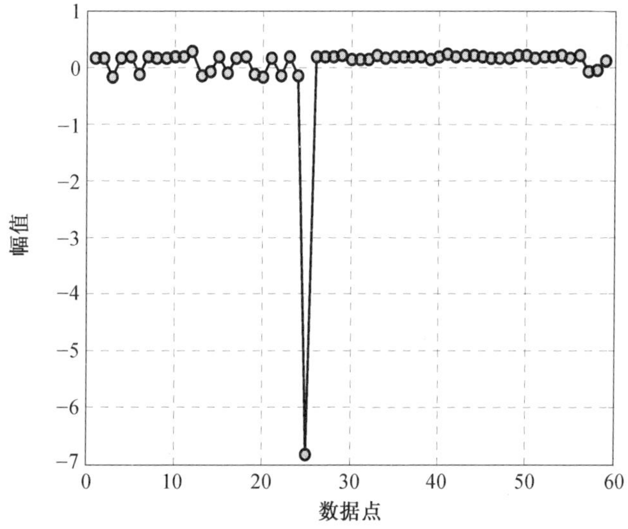

图 6.8　20%噪声的星形网络链转换得到的时间序列

由上面的实验结果，得到如下结论：当扰动水平较低时，星形链网络加扰动后转换得到的时间序列为加噪的脉冲序列；当扰动水平较高时，得到的时间序列开始呈现无规律性。

在实现了由单个星形网络到时间序列的转换，多个星形网络链向时间序列的转换，以及添加了噪声的星形网络链向时间序列的转换的基础上，下面将进一步探讨将一个完整的无标度网络转换为时间序列的相关结果。

不失一般性地，选择一组合适的参数来生成一个无标度网络，通过提取它的邻接矩阵 $\boldsymbol{A}$ 和度矩阵 $\boldsymbol{D}$，来进一步得到这个无标度网络的拉普拉斯矩阵。接下来对得到的拉普拉斯矩阵进行谱分解，应用同样的方法得到最终的时间序列，具体步骤如下：

（1）生成一个无标度网络。

①未增长前的网络节点个数 $m_0=8$；

②每次引入新节点时新生成的边数 $m=6$；

③增长后的网络规模 $N=500$；

④初始网络时 m_0 个节点的连接情况：随机连接一些边。

取定如上的参数后，得到的无标度网络图如图 6.9 所示。它是一个无标度的网络，共有 500 个节点。关于该复杂网络的度分布情况，以及该网络的节点度的概率分布都会在下面进一步给出结果。

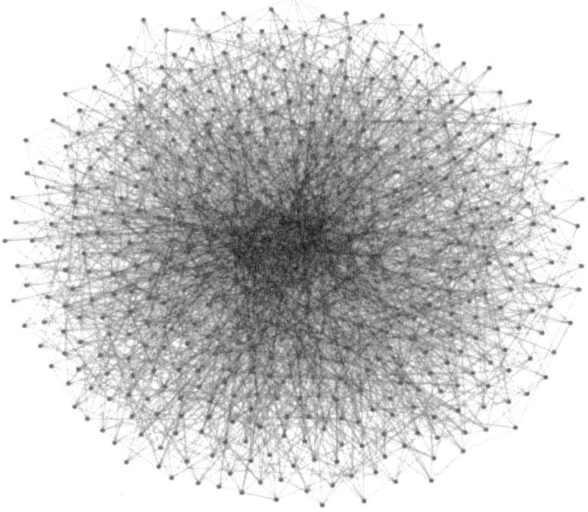

图 6.9　无标度网络图

（2）得到无标度网络的拉普拉斯矩阵。

该网络中各个节点的度分布如图 6.10 所示。

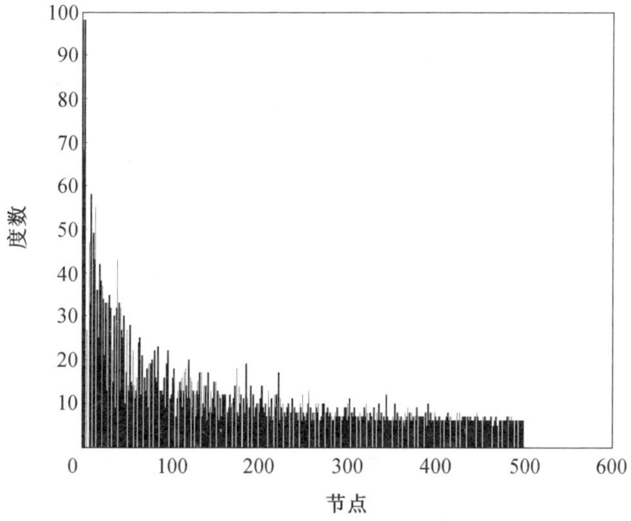

图 6.10　无标度网络的度分布

该无标度网络中节点度的概率分布如图 6.11 所示。

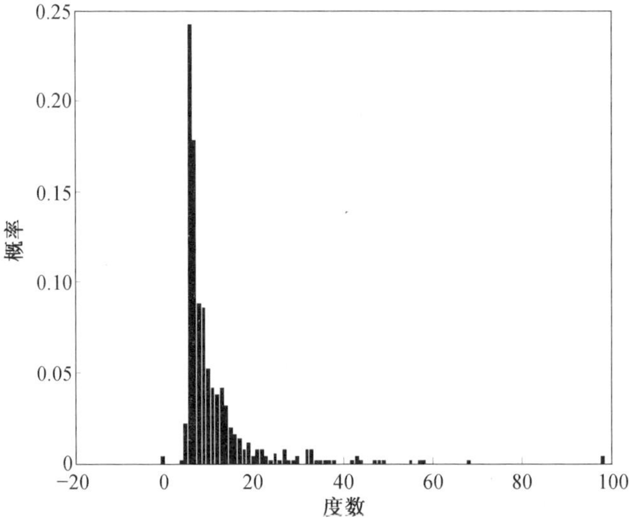

图 6.11　无标度网络节点度的概率分布

（3）对拉普拉斯矩阵做谱分解，提取最大特征值所对应的时间序列。图 6.12 是最终转换得到的时间序列。

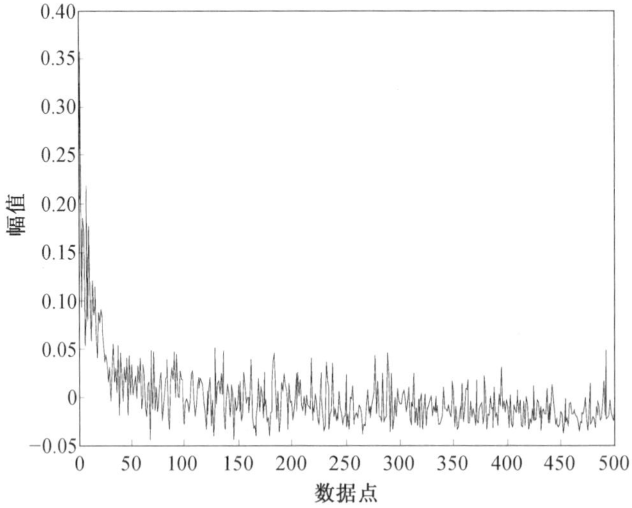

图 6.12　无标度网络转换得到的时间序列

由图 6.12 可见生成的时间序列是随机的。不同的数据点值的大小之间没有明显的规律性。

上面已经介绍了一种转换方法——拉普拉斯算法，用来将复杂网络转换成时间序列，并且实现了利用这种算法将一个无标度的复杂网络转换为时间序列，但是，关于这种转换方法的转换效果如何并没有讨论，下面就进一步来讨论拉普拉斯算法的转换效果。前面已经详细介绍过经典多维尺度算法，作为一种非常成熟的将复杂网络转换为时间序列的转换方法，它的转换效果众所周知。接下来将用两组具体数据来对比一下经典多维尺度算法与拉普拉斯算法的转换效果。

首先，选取一组较为稳定的 Rössler 数据作为最初的时间序列。先把这组时间序列转换为复杂网络，继而分别利用经典的多维尺度算法和拉普拉斯算法将转换得到的复杂网络转换回时间序列。通过求解初始的时间序列与最终转换得到的时间序列之间的相关系数，对比两种算法的转换效果优劣。

在将初始的时间序列转换为复杂网络时，采用的方法依然如前面所述。这组实验的结果如图 6.13 所示。

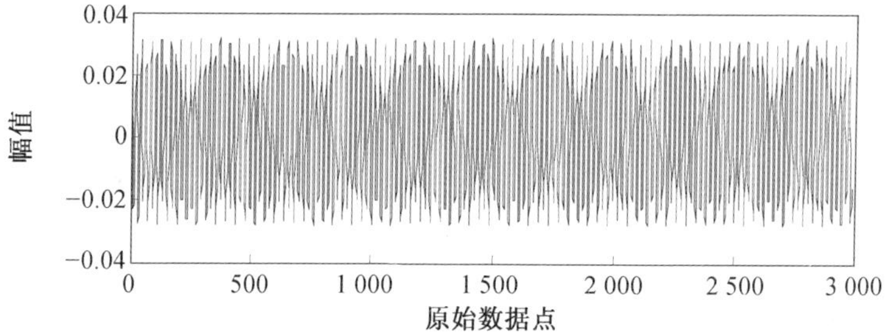

（a）初始时间序列

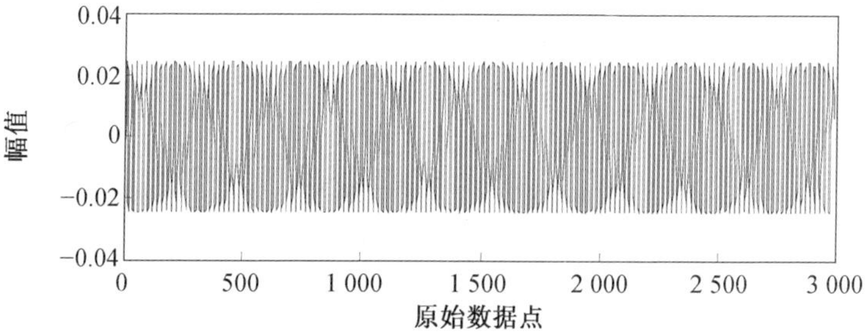

（b）转换后的时间序列

图 6.13　经典多维尺度算法的转换效果（1）

图 6.13 包括两个子图，图 6.13（a）是初始时间序列，图 6.13（b）则是使用经典多维尺度算法转换得到的最终的时间序列图。两组时间序列数值都做了归一化处理。这里，在第一阶段将时间序列转换为复杂网络过程中，选取的是 $\varepsilon=0.5$ 时得到的数值结果。从上面的结果图中可以看出，初始的时间序列和最终的时间序列非常相似，即转换效果非常好。

接下来，将继续给出 $\varepsilon=0.5$ 时，将初始时间序列转换为复杂网络，再利用拉普拉斯算法将得到的复杂网络转换回时间序列的转换效果，分析结果如图 6.14 所示。结果的呈现形式同样是两个子图，图 6.14（a）是初始时间序列，图 6.14（b）则是利用拉普拉斯算法转换得到的最终的时间序列。同样地，这两组数据也经过了归一化处理。

图 6.14 中，两组时间序列形状差别很大。说明对于这组时间序列数据，拉普拉斯算法的转换效果并不理想。

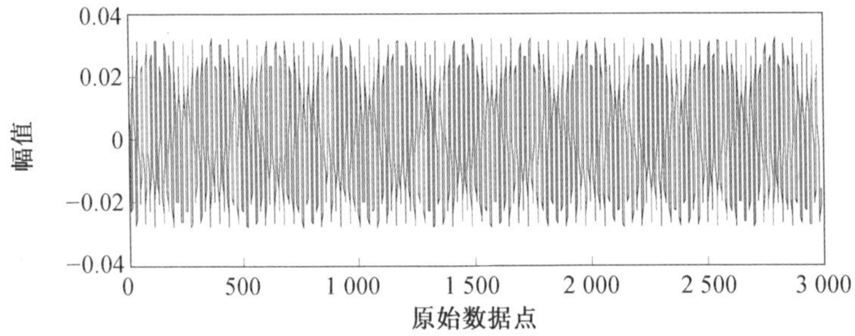

（a）初始时间序列

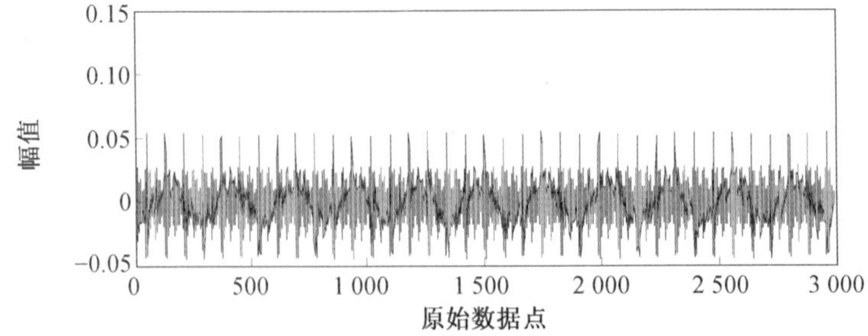

（b）转换后的时间序列

图 6.14　拉普拉斯算法的转换效果（1）

表 6.1 是两种算法转换效果的对比结果。

表 6.1 两种算法转换效果的对比结果（1）

ε	0.1	0.2	0.3	0.4	0.5	0.6	0.7	0.8	0.9
多维尺度	0.630 3	0.892 0	0.921 0	0.931 3	0.937 4	0.941 1	0.946 7	0.921 8	0.730 4
拉普拉斯	0.022 1	0.046 2	0.034 1	0.032 0	0.136 4	0.095 1	0.020 0	0.073 3	0.080 1

在上面实验结果的基础上，选取了另一组时间序列数据来进一步探讨拉普拉斯算法的转换效果。

第一组实验中，选取的是较为稳定的 Rössler 系统，通过求解特定参数的微分方程组得到初始时间序列，接下来将选取一组没有特定规律的随机时间序列作为初始时间序列。

对这组随机时间序列，实验方法和过程同上。图 6.15 是这组数据在经典多维尺度算法转换下的实验结果。

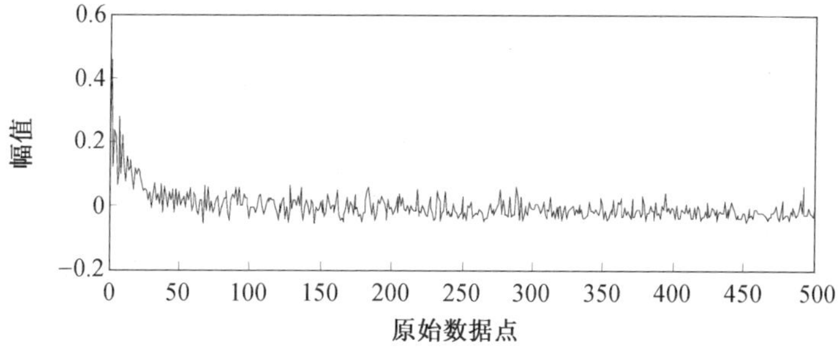

（a）初始时间序列

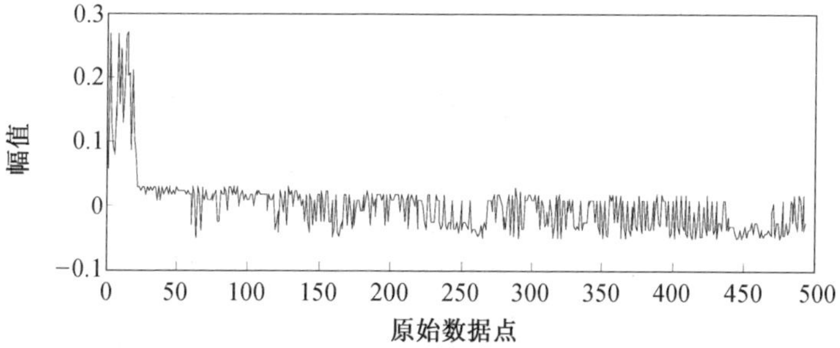

（b）转换后的时间序列

图 6.15 经典多维尺度算法的转换效果（2）

图 6.15 包括两个子图，图 6.15（a）是初始时间序列，图 6.15（b）则是使用经典多维尺度算法转换得到的最终的时间序列。两组时间序列数值都做了归一化处理。这里，在第一阶段将时间序列转换为复杂网络过程中，选取的还是 $\varepsilon = 0.5$ 时得到的数值结果。从上面的结果图中可以看出，初始时间序列和最终时间序列较为相似，即转换效果还可以。

接下来，将继续给出 $\varepsilon = 0.5$ 时，将初始时间序列转换为复杂网络，再利用拉普拉斯算法将得到的复杂网络转换回时间序列的转换效果，分析结果如图 6.16 所示。结果的呈现形式同样是两个子图，图 6.16（a）是初始时间序列，图 6.16（b）则是利用拉普拉斯算法转换得到的最终的时间序列。同样地，这两组数据也经过了归一化处理。

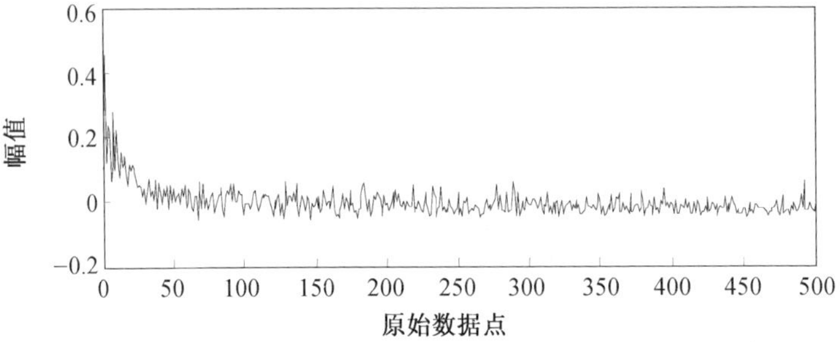

（a）初始时间序列

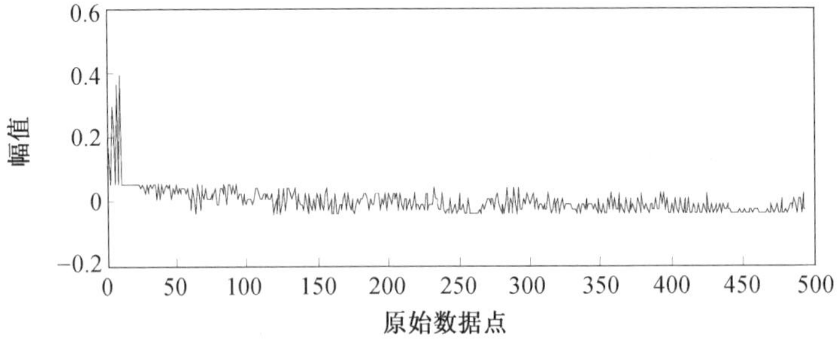

（b）转换后的时间序列

图 6.16　拉普拉斯算法的转换效果（2）

由以上结果可以看出，对于这组随机数据，相比经典多维尺度算法，通过拉普拉斯算法转换得到的时间序列与初始时间序列更为相似，即转换效果更优。表 6.2 是较为具体的对于这组随机数据的两种算法转换效果的对比。

表 6.2　两种算法转换效果的对比结果（2）

ε	0.1	0.2	0.3	0.4	0.5	0.6	0.7	0.8	0.9
多维尺度	0.550 2	0.691 1	0.714 4	0.764 6	0.777 4	0.621 1	0.734 9	0.742 7	0.712 8
拉普拉斯	0.320 5	0.702 2	0.732 1	0.446 2	0.796 2	0.765 1	0.814 2	0.750 0	0.690 3

对比以上表格发现，对于这组数据，当ε取不同的值时，在大多数情况下，拉普拉斯算法的转换效果更优。

不同类型的时间序列转换得到不同类型的复杂网络，从以上两组不同类型的时间序列数据实验结果可以看出，对于不同类型的复杂网络，拉普拉斯算法的转换效果差别很大。表 6.3 为两组数据的拉普拉斯算法转换效果对比。

表 6.3　两组数据的拉普拉斯算法转换效果对比

ε	0.1	0.2	0.3	0.4	0.5	0.6	0.7	0.8	0.9
第一组	0.022 1	0.046 2	0.034 1	0.032 0	0.136 4	0.095 1	0.020 0	0.073 3	0.080 1
第二组	0.320 5	0.702 2	0.732 1	0.446 2	0.796 2	0.765 1	0.814 2	0.750 0	0.690 3

与经典多维尺度算法相比，拉普拉斯算法的适用性问题还需要进一步深入探讨，对于算法本身的改进和完善工作依然任重道远。

参 考 文 献

[1] HORN R A, JOHNSON C R. Matrix analysis[M]. Cambridge: Cambridge University Press, 2012.

[2] MEYER C D. Matrix analysis and applied linear algebra[M]. Philadelphia: Society for Industrial and Applied Mathematics, 2000.

[3] BLOCH N J. Abstract algebra with applications[M]. Englewood Cliffs: Prentice-Hall, 1987.

[4] LAY D C. Linear algebra and its applications: Third edition update[M]. Boston: Addison Wesley, Pearson, 2006.

[5] HASTIE T, TIBSHIRANI R, FRIEDMAN J. The elements of statistical learning: Data mining, inference, and prediction[M]. Berlin: Springer, 2016.

[6] MOORE D S, MCCABE G P. Introduction to the practice of statistics[M]. 4th ed. New York: W.H. Freeman and Co., 2003.

[7] LARSON R, FARBER B. Elementary statistics: Picturing the world plus MyStatLab with pearson eText [M]. 5th ed. Boston: Pearson, 2012.

[8] CASELLA G , BERGER R L. Statistical inference[M]. 2nd ed. Pacific Grove: Duxbury/Thomson Learning, 2002.

[9] PLACKETT R L. A historical note on the method of least squares[J]. Biometrika, 1949, 36(3/4): 458-460.

[10] GOLUB G H, VANLOAN C F. Matrix computations[M]. 4th ed. Washington D.C.: Johns Hopkins University Press, 2012.

[11] HOPCROFT J, KANNAN R. Computer science theory for the information age[M]. 上海：上海交通大学出版社, 2013.

[12] FRIEZE A, KANNAN R. Quick approximation to matrices and applications[J]. Combinatorica, 1999, 19(2): 175-220.

[13] KLEINBERG J M. Authoritative sources in a hyperlinked environment[J]. Journal of the ACM, 1999, 46(5): 604-632.

[14] VEMPALA S, WANG G. A spectral algorithm for learning mixtures of distributions[C]//The 43rd Annual IEEE Symposium on Foundations of Computer Science. Vancouver, BC, Canada. IEEE, 2002: 113-122.

[15] BRIN S, MOTWANI R, PAGE L, et al. What can you do with a web in your pocket? [J]. Data Engineering Bulletin，1998, 21:37-47.

[16] DASGUPTA S, SCHULMAN L. A probabilistic analysis of EM for mixtures of separated, spherical Gaussians[J]. Journal of Machine Learning Research，2007, 8:203-226.

[17] ACHLIOPTAS D, MCSHERRY F. On spectral learning of mixtures of distributions[M]//Lecture Notes in Computer Science. Heidelberg: Springer Berlin Heidelberg, 2005: 458-469.

[18] DEERWESTER S, DUMAIS S T, FURNAS G W, et al. Indexing by latent semantic analysis[J]. Journal of the American Society for Information Science, 1990, 41(6): 391-407.

[19] SHIMADA Y, IKEGUCHI T, SHIGEHARA T. From networks to time series[J]. Physical Review Letters, 2012, 109(15): 158701.

[20] 赵永毅，史定华. 复杂网络的特征谱及其应用[J]. 复杂系统与复杂性科学，2006,3(1):1-12.

[21] 吴德玉, 阿拉坦仓. 分块算子矩阵谱理论及其应用[M]. 北京:科学出版社, 2013.
[22] 姜丹丹, 白志东. 大维随机矩阵谱理论在多元统计分析中的应用[M]. 北京:知识产权出版社, 2014.
[23] ROBERT M G. Toeplitz and circulant matrices: A review[M]. Mass: Now, 2006.